爱上沙拉

Delicious salad

甘智荣◎编著

SPM 南方出版传媒 广东人民出版社

·广州·

图书在版编目（CIP）数据

爱上沙拉 / 甘智荣编著. —广州：
广东人民出版社，2018.3（2019.7重印）
ISBN 978-7-218-12233-5

Ⅰ.①爱… Ⅱ.①甘… Ⅲ.①沙拉—菜谱 Ⅳ.①TS972.118

中国版本图书馆CIP数据核字（2017）第271152号

Aishang Shala
爱上沙拉

甘智荣 编著

出 版 人：肖风华

责任编辑：严耀峰 李辉华
封面设计：青葫芦
摄影摄像：深圳市金版文化发展股份有限公司
策划编辑：深圳市金版文化发展股份有限公司
责任技编：周 杰

出版发行：广东人民出版社
地　　址：广州市海珠区新港西路204号2号楼（邮政编码：510300）
电　　话：（020）85716809（总编室）
传　　真：（020）85716872
网　　址：http://www. gdpph. com
印　　刷：福建省金盾彩色印刷有限公司
开　　本：710毫米×1000毫米 1/16
印　　张：12　　字　　数：200千
版　　次：2018年3月第1版 2019年7月第3次印刷
定　　价：39.80元

如发现印装质量问题，影响阅读，请与出版社（020-32449105）联系调换。
售书热线：020-83780517

Preface

沙拉作为简单、营养、健康的代表菜式，受到越来越多人的喜爱。它大多不必加热，会最大限度地保持住食材中的各种营养。新鲜的蔬菜、水果、鱼类、肉类，均可以成为制作色拉的原料。

一般人们只把沙拉当作普通凉拌菜，殊不知沙拉还可以用来当做前菜、下午茶，偶尔也能够充当主食，甚至是减肥瘦身者的首选菜式。

本书分为沙拉入门、开胃沙拉、主食沙拉、低卡沙拉、点心沙拉五个部分，带你进入沙拉的奇妙世界。相信拥有此书的你很快便会沦陷在沙拉的美味里不能自拔，让我们拭目以待吧！

Contents

Part 1 缤纷的沙拉世界 邀你前去探秘

Part 2 开胃沙拉，绽放你的味蕾

Part 3 主食沙拉，满足你的胃口

Part 4 低卡沙拉，轻盈你的身心

Part 5 点心沙拉，愉悦你的时光

Part 1

缤纷的沙拉世界
邀你前去探秘

五颜六色的蔬果搭配在一起做成的缤纷沙拉，让人看一眼就垂涎欲滴。本章将带你走进缤纷的沙拉世界，从食材到调料，为你揭示沙拉为何如此诱人的秘密。

常吃沙拉的益处

可以说，沙拉的主要材料是蔬果。而蔬果与我们的健康、长寿息息相关。所以常吃沙拉于我们的健康是极有益的。

1 吃蔬菜的益处

众所周知，蔬菜可以为人体提供所必需的多种维生素和矿物质。根据1990年国际粮农组织统计发现，人体必需的九成维生素C、六成维生素A来自蔬菜，可见蔬菜对人类健康的贡献之大：

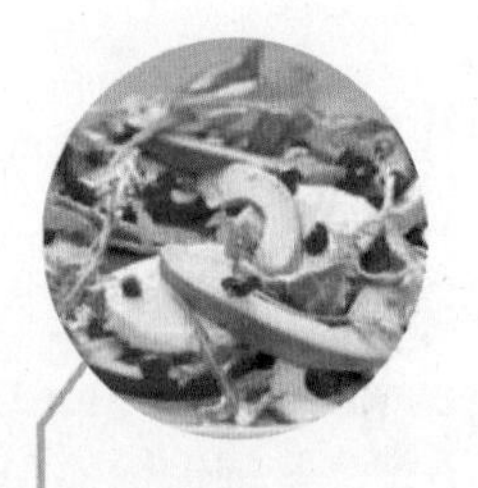

纤维质

蔬菜中富含纤维质，可以促进身体的新陈代谢，从而达到控制体重的目的。

维生素

蔬菜中富含维生素，是人体维生素的最佳来源。

膳食纤维

蔬菜中的膳食纤维能促进咀嚼，增加饱腹感，进而减少热量的摄取。

碱性食品

蔬菜多为碱性食品，多吃蔬菜能中和胃酸，调节人体血液中酸碱值的平衡。

此外，蔬菜中还含有多种多样的植物化学物质，是人们公认的对健康有益的成分，如类胡萝卜素、二丙烯化合物、甲基硫化合物等。

目前，蔬菜中可以有效预防慢性、退行性疾病的多种物质，正在被人们发现、研究。据估计，目前世界上有20多亿或更多的人，因受到环境污染而引起多种疾病，如何解决因环境污染产生大量氧自由基的问题，日益受到人们关注。解决的有效办法之一，就是在食物中增加抗氧化剂，协同机体排出有破坏性的活性氧、活性氮。研究发现，蔬菜中有许多维生素、微量元素以及相关的植物化学物质、酶等，都是有效的抗氧

化剂。因此，蔬菜不仅是低糖、低盐、低脂的健康食物，同时它还能有效地减轻环境污染对人体的损害，此外，蔬菜还具备预防多种疾病的作用。

2 吃水果的益处

水果是我们几乎每天都会吃的食物，因为它口感好、水分多，还含有我们身体需要的多种营养。或许我们每个人都有自己最喜欢的一两种水果，可他们的营养价值你知道多少呢？下面，我们就来了解一下常吃水果有哪些好处。

滋养肌肤

水果中含丰富的抗氧化物质——维生素E和微量元素，可以滋养皮肤，其美容效果可不是一般的化妆品可比的。而且，如果你吸烟或发胖，那也说明你的体内脂肪组织缺乏这些重要成分。

延缓衰老

维生素是水果主要供给人体的营养素之一，其中以维生素C和维生素A最为重要。水果不像蔬菜那样经过高热加工才能食用，其中的维生素C不会大量流失，因此水果是维生素C的天然补充食品。

防癌抗癌

水果中含有天然色素，能有效预防癌症。部分水果还含有β-胡萝卜素，β-胡萝卜素在进入人体后转变成维生素A，可以防止细胞遭受自由基的损害。另外，存在于柑橘类水果中的抗癌物质——类生物黄碱素，可以帮助脂溶性致癌物质转化为水溶性，有利于它们排出体外。

排毒瘦身

有些水果中含有丰富的食物纤维，属于不能为小肠所消化的碳水化合物。在结肠内，纤维可为肠腔提供营养物质，这有助于促进身体的新陈代谢，还可以帮助控制食欲。

制作美味沙拉的九个小窍门

任何一道看似简单的料理，其实背后都需要花功夫。对于斑斓甜美的沙拉而言，自然也有其鲜为人知的小窍门。

1 慎选沙拉搅拌用具及盛器

由于大部分的沙拉酱都含有醋的成分，所以在碗盘的选择上千万不能使用铝材质的器具，因为醋汁的酸性会腐蚀金属器皿，释放出的化学物质会破坏沙拉的原味，对人体也有害。搅拌的叉匙也最好使用木质的，其次是玻璃、陶瓷材质的器具。

2 蔬菜使用前应先用冰水浸泡

由于蔬菜一般会放在冰箱冷藏室中储存，可能会失去一些水分，所以应先将蔬菜放在冰水中浸泡，这样失去的水分可以恢复。这样处理过的蔬菜的颜色比较翠绿，吃起来也会因蔬菜纤维内充满水分而觉口感清甜爽脆。

3 部分食材削皮后要泡柠檬冰水

由于苹果这类食材在削皮之后就会快速氧化变黑，所以要准备一盆柠檬冰水（柠檬汁适量即可，目的只是要达到酸碱中和），将处理好的食材泡入冰水中，这样能避免食材氧化。

4 巧加橄榄油

凡需要添加橄榄油的沙拉酱一定要分次加入橄榄油，并且要慢慢拌匀至呈现乳状，才不会出现不融合的分离情况。如已出现分离，则只能加强搅拌使之重新融合。

5 掌握加入沙拉酱的时机

沙拉菜品现做现吃，上桌时再将酱汁拌匀才能保证良好的口感和外观。如果过早加入，会使食材中的水分析出，从而导致沙拉的口感变差。

6 食材刀工一致

将食材切成一致的形状，不仅能够让沙拉看起来美观，而且吃起来的口感也会比较一致，并且方便入口。所以在制作一份沙拉的时候，可以统一食材切成的形状，如条、丁、片等。

7 购买成熟度一致的水果

在制作水果沙拉的时候，如果有的水果因为成熟过头而变得十分松软，有的却因为青涩而坚硬无比，这会大大降低我们的美味体验。因此，我们在购买水果的时候，最好能够挑选成熟度比较一致的水果。

8 选择不同色彩的蔬果

一份好吃的食物，需要色、香、味俱全。色字当头，是因为只有这份食物先满足了我们的视觉感受，才能勾起我们的食欲。所以，当我们在制作沙拉的时候，可以挑选多种色彩的蔬果，在满足我们视觉的同时，又能够补充不同的营养。

9 学会处理未熟透的水果

我们难免会买到一些没有熟透的水果，这样的水果吃起来会比较硬，又不够甜。因此，可预先在这些水果上撒一些白糖，令白糖完全溶化，不仅可使水果稍变软，还能变得更甜。

自制沙拉酱

沙拉如何做才美味？沙拉酱很重要！下面将为大家介绍各种美味沙拉酱的做法。

中式沙拉酱

原料：酱油15毫升，醋15毫升，蒜末5克，盐2克，芝麻油10毫升

做法：

1.取一小碗，倒入酱油、醋、芝麻油，充分搅拌均匀。

2.加入盐、蒜末，拌匀即可。

低脂沙拉酱

原料：橄榄油1大勺，酸奶2大勺，蒜末5克，盐3克，沙拉酱1小勺，黑胡椒4克

做法：

1.取一小碗，放入蒜末、酸奶、沙拉酱、橄榄油，调匀。

2.放入盐、黑胡椒，拌匀即可。

猕猴桃沙拉酱

原料：蜂蜜1.5大勺，醋1大勺，洋葱35克，猕猴桃55克，盐2克

做法：

1.将洋葱、猕猴桃切好后用搅拌机打碎，倒入碗中。

2.加入醋、蜂蜜、盐，搅拌均匀即可。

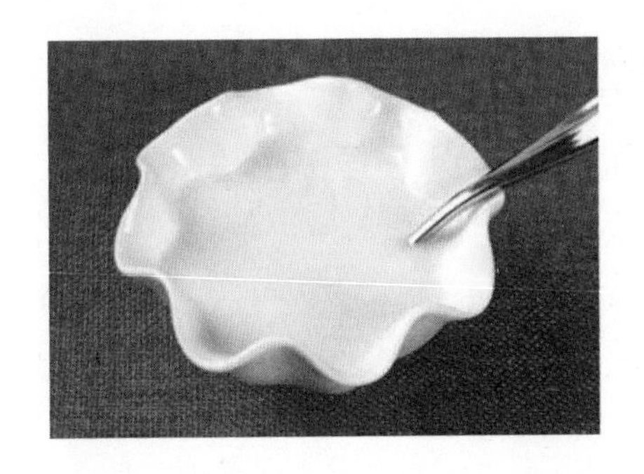

酸奶沙拉酱

原料：酸奶3大勺，蜂蜜1.5大勺，沙拉酱1大勺

做法：

1.取一小碗，放入沙拉酱，加入酸奶，拌匀。

2.加入蜂蜜，调匀即可。

奶香沙拉酱

原料：牛奶2.5大勺，沙拉酱1大勺，蜂蜜1大勺

做法：

1.取一小碗，放入沙拉酱，倒入牛奶，拌匀。

2.倒入蜂蜜，调匀即可。

简易沙拉酱

原料：酸奶3大勺，沙拉酱1大勺

做法：

1.取一小碗，放入沙拉酱、酸奶。

2.充分拌匀即可。

杏仁酸奶沙拉酱

原料：沙拉酱1大勺，杏仁碎15克，酸奶3大勺

做法：

1.将酸奶倒入碗中，加入沙拉酱，搅拌均匀。

2.倒入杏仁碎，继续搅拌均匀即可。

柠檬酸奶沙拉酱

原料：沙拉酱1大勺，柠檬汁1.5大勺，酸奶4大勺

做法：

1.取一小碗，倒入沙拉酱、酸奶，搅拌均匀。

2.倒入柠檬汁，拌匀即可。

苹果柠檬沙拉酱

原料：柠檬50克，白芝麻2克，白糖10克，苹果100克

做法：

1.将苹果、柠檬切成小块，用搅拌机打碎。

2.取一小碗，倒入苹果柠檬汁，加入白糖、白芝麻，拌匀即可。

蜂蜜酸奶蓝莓酱

原料：酸奶3大勺，蓝莓酱1.5大勺，蜂蜜1大勺

做法：

1.取一小碗，放入蓝莓酱、酸奶、蜂蜜。

2.搅拌均匀即可。

蚝油沙拉酱

原料：沙拉酱2大勺，蒜蓉辣酱1小勺，蚝油1小勺，花生酱1/2大勺

做法：

1.取一小碗，放入蚝油、沙拉酱、蒜蓉辣酱、花生酱，拌匀即可。

橄榄油橙醋酱

原料：橄榄油2大勺，醋1大勺，橙子1/2个，白糖5克，盐4克，黑胡椒4克

做法：
1.橙子剥去皮，取果肉榨成汁。
2.取一小碗，倒入橄榄油、醋、橙汁，放入盐、白糖、黑胡椒，拌匀即可。

味噌沙拉酱

原料：味噌2大勺，沙拉酱2大勺，番茄酱1小勺，黑胡椒4克，西芹12克

做法：
1.西芹切成碎丁。
2.取一小碗，放入味噌、沙拉酱、番茄酱，调匀。
3.倒入黑胡椒、西芹丁，拌匀即可。

千岛酱

原料：沙拉酱2大勺，番茄酱1小勺，水煮蛋1/2个

做法：
1.取一小碗，放入沙拉酱、番茄酱，拌匀。
2.将水煮蛋剁碎，放入已拌好的酱中，拌匀即可。

黑胡椒沙拉酱

原料：柠檬汁1.5大勺，盐3克，黑胡椒4克，沙拉酱2大勺

做法：
1.取一小碗，放入沙拉酱、柠檬汁，拌匀。
2.加入黑胡椒、盐，拌匀即可。

草莓千岛酱

原料：沙拉酱2大勺，水煮蛋1/2个，番茄酱1大勺，草莓果酱1/2大勺

做法：

1.将水煮蛋剁碎。取一小碗，放入沙拉酱、番茄酱、草莓果酱，拌匀。

2.将剁碎的水煮蛋倒入拌好的酱中，搅匀即可。

杧香芥奶酱

原料：杧果50克，柠檬汁1小勺，酸奶3大勺，香葱末3克，黑胡椒粉4克，青芥末酱少量

做法：

1.杧果取肉切成小丁，加入酸奶、柠檬汁、青芥末酱、黑胡椒粉。

2.撒上香葱末，拌匀即可。

苹果醋橄榄油酱

原料：苹果醋2大勺，橄榄油1大勺，黑胡椒1克，盐2克

做法：

1.取一小碗，倒入苹果醋、橄榄油，搅拌均匀。

2.放入盐、黑胡椒，拌匀即可。

番茄辣椒酱

原料：盐2克，黑胡椒3克，辣椒酱1大勺，柠檬汁1大勺，番茄酱2大勺

做法：

1.取一小碗，倒入番茄酱、辣椒酱、柠檬汁，拌匀。

2.加入盐、黑胡椒，拌匀即可。

简易海带醋酱油

原料：水发海带70克，柠檬汁3毫升，生抽5毫升，白醋3毫升，椰子油5毫升，蜂蜜5克

做法：

1.洗净的海带切条，切碎，倒入备好的碗中。

2.加入生抽、白醋、柠檬汁、蜂蜜、椰子油，充分拌匀。

3.将入味的海带倒入备好的杯中，放在冰箱冷藏1天即可食用。

椰子油沙拉酱

原料：豆腐120克，盐2克，椰子油60毫升，蜂蜜6克，黄芥末5克，米醋5毫升，梅子醋5毫升

做法：

1.洗净的豆腐切小块，待用。

2.锅中放入切好的豆腐块，注入约400毫升清水，开火，汆煮约2分钟至断生，捞出，沥干水分，装碗。

3.往豆腐中倒入盐，拌匀，倒入椰子油、蜂蜜、黄芥末、米醋和梅子醋，搅拌均匀，倒入搅拌杯中，搅拌约20秒成沙拉酱，装杯即可。

凤尾鱼沙拉酱

原料：橄榄油3大勺，黑胡椒4克，盐3克，红葡萄酒醋1大勺，凤尾鱼（罐头）10克

做法：

1.凤尾鱼切碎。

2.取一小碗，倒入橄榄油、红葡萄酒醋，拌均匀。

3.放入盐、黑胡椒、凤尾鱼碎，调匀即可。

自制沙拉常用的调料

即使选择最简单的食材来做沙拉，如果调料和酱料搭配得恰当，吃起来也会非常美味！下面将为大家介绍一些常用调料和酱料的特点。

食醋

食醋是为沙拉增加酸味的必备调料，能中和肉类的油腻感。酿造食醋为大米酿造而成，除了酸味，还有一定的醇香味道。

盐

盐是制作沙拉最常用的调料之一，可为酱料增加咸味，又不会改变食材的颜色和水分含量。盐的用量可根据需要灵活控制。

橄榄油

橄榄油营养价值高，并且具有独特的清香味道，能增加食材的风味，是最适合制作沙拉的油类，还可加入醋调成“油醋酱”。

红葡萄酒醋

红葡萄酒醋由葡萄的浓缩果实在木桶中经过多年的发酵酿制而成。其口感柔滑，酸中带甜，略有果香，适合搭配各种肉类和蔬菜。

芝麻酱

芝麻酱是很受大众喜爱的酱料，一般需加水稀释，搭配酱油、辣椒等味道极佳，常用在有面食、豆制品等食材的沙拉中。

番茄酱

番茄酱中除了西红柿，还加入了糖、醋、盐以及其他香料来调和口感，因此深受人们喜爱，可与沙拉酱、蔬菜丁混合使用。

姜、蒜

姜、蒜是中式口味的罐沙拉最常用的调味料，有去腥、提味的作用，兼能杀菌、防腐，尤其适合搭配肉类食材。

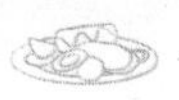

柠檬汁

柠檬汁可为酱汁增加酸味，又不会像醋一样有发酵后留下的“酱”味。柠檬独特的香气能使食材的口感更清新，并可缓解油腻。

芝麻油

芝麻油是中式沙拉中不可缺少的调和油，香气浓郁，可赋予食材生动的味道，但不宜搭配五谷、肉类、水果等食材。

果酱

常用的果酱有苹果酱、草莓酱、蓝莓酱、什锦果酱等，适宜搭配糕饼类面食，以及山药、红薯等根茎类蔬菜。

酸奶

用酸奶代替沙拉酱是瘦身的好方法。酸奶具有独特的奶香味和酸甜味，因此也适合搭配橄榄油、柠檬汁、蒜蓉等。

辣椒酱

除了中式辣椒酱，还可选择带有蒜香和水果香的泰式甜辣酱，以及口感偏甜的韩式辣椒酱等。剁椒酱也是不错的选择。

酱油

酱油属于酿造类调味品，具有独特的酱香，能为食材增加咸味，并增加食材的鲜美度。拌食多选择生抽，其颜色淡、味道咸。

黄芥末酱

芥末酱具有强烈的刺激性气味和清爽的味觉感受，能增进食欲。黄芥末酱的口感偏柔和，大部分人都能接受，适宜搭配肉类、海鲜、鸡蛋等。黄芥末酱可以加入蜂蜜、沙拉酱调制成口感更为柔和的砂糖芥末酱，或加入油、葡萄酒调制成微酸的法式芥末酱。

黑胡椒

黑胡椒是为沙拉锦上添花的调味料，可增加辛辣感，令沙拉口感层次更突出，又不会“夺味”，还能为肉类食材去腥、增鲜。黑胡椒一般有粉状和碎粒状两种，制作罐沙拉选择碎粒状为佳。此外，现磨的黑胡椒粒味道更加浓郁，可依自己的需要选择。

七类不宜生拌沙拉的蔬菜

我们日常摄入的蔬菜种类繁多，但并非所有蔬菜都适合直接用来制作沙拉。有的蔬菜用来拌沙拉，不仅不能为我们提供营养，反而对健康有害。

1 豆类蔬菜

在四季豆、毛豆、蚕豆等一些豆类蔬菜中，含有一种名为血球凝集素的物质，它们能够使血液中的红血球凝结，对人体相当有害。当我们食用这些不熟的豆类蔬菜时，极有可能引起恶心、呕吐，甚至危及生命。此外，它们还含有一种能够抑制蛋白酶活性的抗蛋白胰，会引起胰腺肿大。豆类蔬菜只有经过加热后，这些有毒物质才会失去活性。因此，豆类蔬菜绝不能生吃。

2 薯类蔬菜

薯类蔬菜中含有一种有毒物质，名叫苷类。木薯块根中的生氰苷类，在没有被煮熟浸泡的情况下，是不能直接食用的。如果直接食用，会发生氢氰酸中毒的现象。另外，在绿色未成熟的马铃薯块茎中含有大量茄碱，对人体有毒害作用，要慎重购买。

3 富含硝酸盐的蔬菜

硝酸盐虽然对人体的毒性低，但是在人体微生物的作用下，会转变成亚硝酸盐。像菠菜、芥菜等蔬菜，它们富含硝酸盐，在转化成亚硝酸盐后能够与肠胃中的含氮化合物结合，形成强致癌物质亚硝胺，有导致消化系统癌变的危险。因此，这种蔬菜必须煮熟透后才能够食用。

4 含草酸较多的蔬菜

草酸在人体肠胃中会与钙结合，形成十分难以吸收的草酸钙，从而导致人体对钙的吸收率下降。所以，在食用类似菠菜、竹笋、茭白等含草酸较多的蔬菜前，必须要用开水焯一下，以去除蔬菜中的大部分草酸。

5 鲜黄花菜

新鲜的黄花菜中含有一种名为秋水仙碱的物质。其实，秋水仙碱是无毒的。但是，它经过人体的肠胃吸收之后，会氧化形成毒性剧烈的二秋水仙碱，这种物质会刺激肠胃，引发人体出现嗓子发干、烧心、干渴、腹痛腹泻等症状。由于鲜黄花菜中的有毒成分在高温60℃时可减弱或消失，因此食用时应先用开水焯过，再用清水浸泡2小时以上。

6 马蹄

马蹄不宜生吃，在食用前要削皮、洗净并煮熟。不然，其中的姜片虫就会进入人体，并且黏附在肠粘膜上，可引起肠道溃疡、腹泻等症状。

7 野菜

像马齿苋一类的野菜，在田野中生长，必须焯一下才能够彻底去除其中的尘土和小虫，否则会有过敏的危险。

自制沙拉常用食材的刀工

制作沙拉，食材刀工很重要，下面将为大家介绍几种常见的食材的刀工处理方法，可以使做出来的沙拉更美观，更有食欲。

杧果切格子状

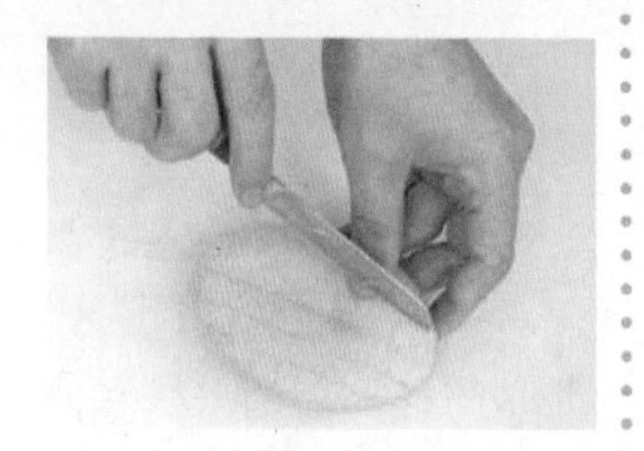

1.半边杧果肉打一字刀刀纹，切至底部。

2.转一个角度，在一字刀上面再切一字刀，呈格子纹。

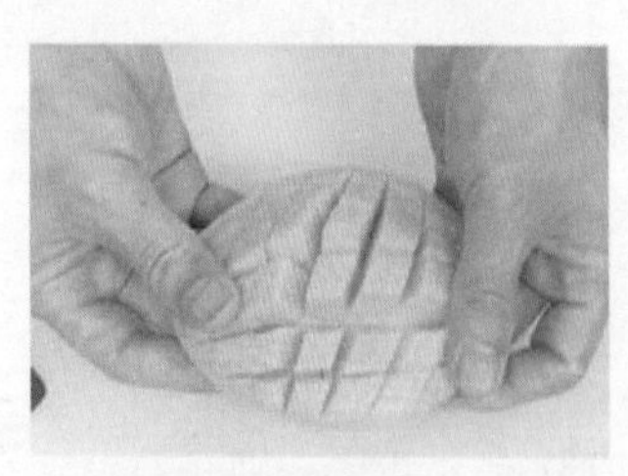

3.用手将格子状的杧果肉顶一下，令其鼓起来即可。

苹果切瓣

1.取洗净的苹果，纵向对半切开。

2.取其中的一半，用刀将果蒂切除。

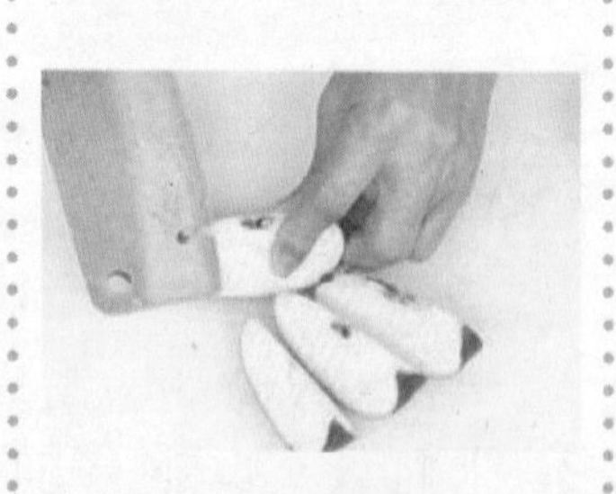

3.将苹果切成均匀的四瓣，切除果核部分。

猕猴桃切花形

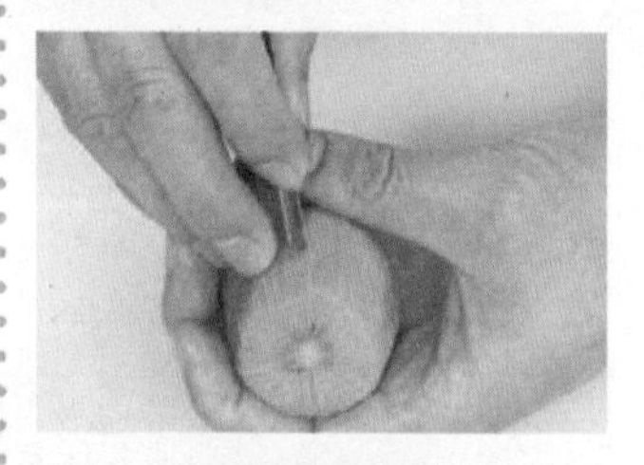

1.将猕猴桃两端修平整，用刻刀刻锯齿花形。

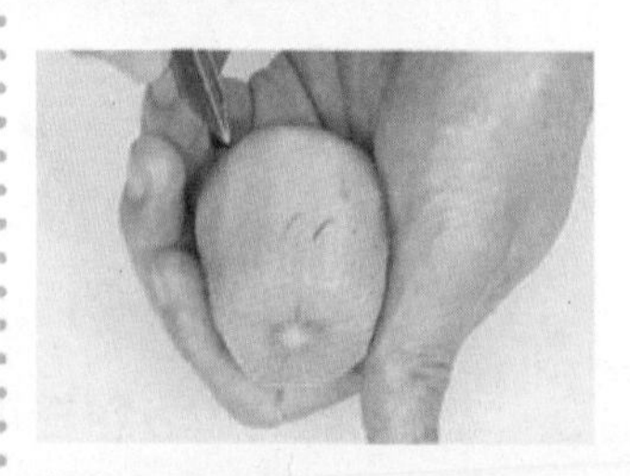

2.边旋转猕猴桃边刻花纹。

3.猕猴桃旋转雕刻一圈，用手掰成两份即可。

橙子切果肉片

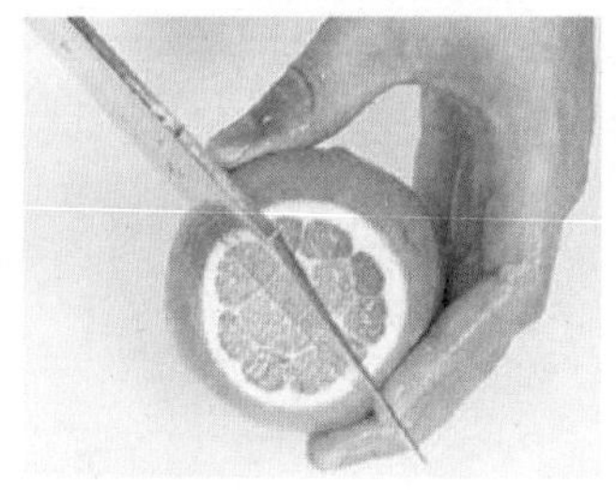

1.取一个洗净的橙子，用刀在橙子皮上切一个小口。

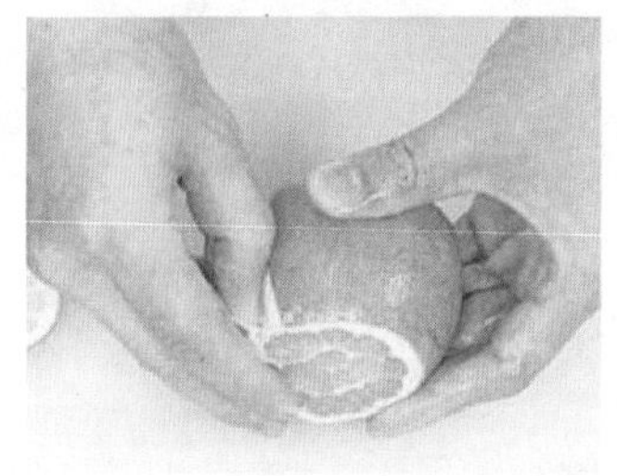

2.用手从小口开始，将橙子皮剥掉。

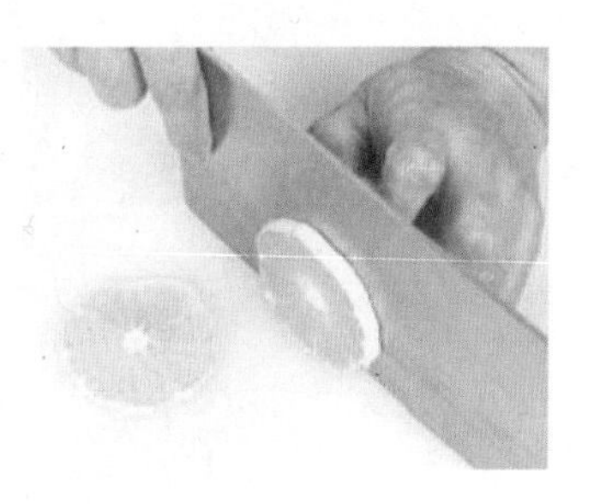

3.橙子去皮后，从平整的一端开始切圆片即可。

西红柿切滚刀块

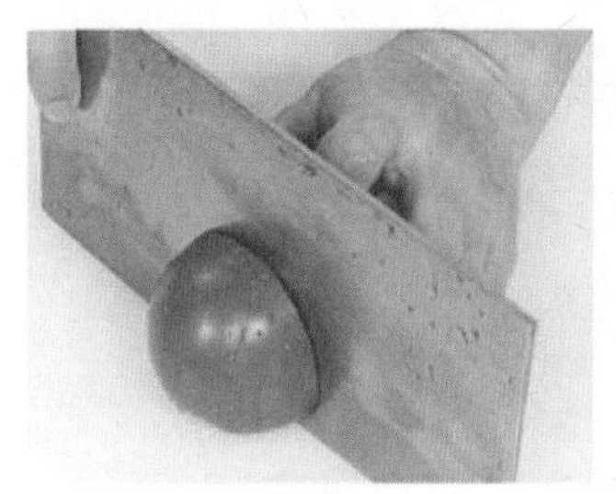

1.取洗净的西红柿，从中间切开成两半。

2.取其中的一半，沿着蒂部切斜小块。

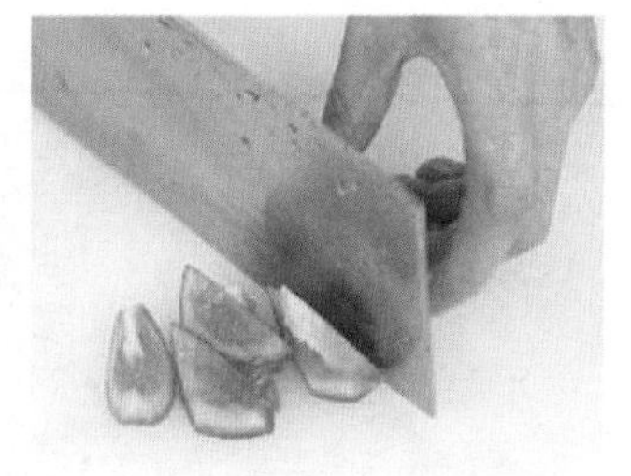

3.将西红柿滚动着继续斜切成小块即可。

西蓝花切朵

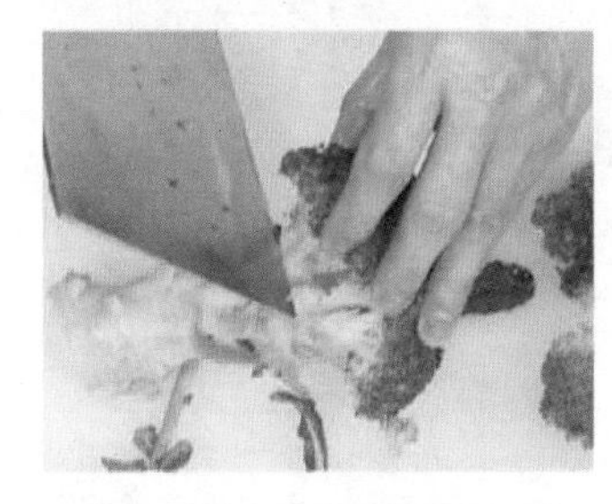

1.取洗净的西蓝花，将花朵切下来。

2.用刀将花朵对半切开。

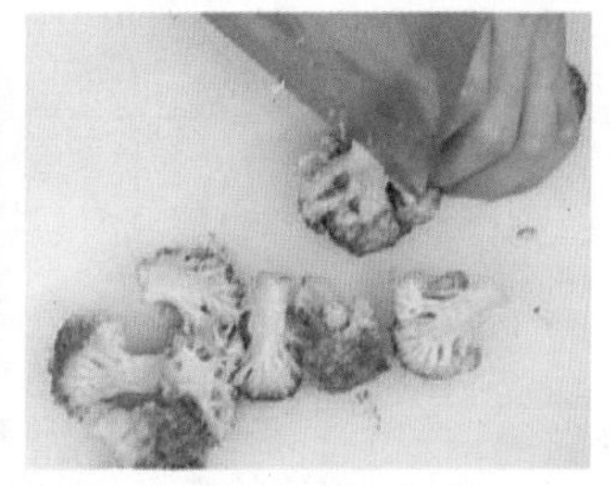

3.按同样的方法，依次将其他的朵切开即可。

Part 2

开胃沙拉，绽放你的味蕾

餐前来一份开胃沙拉，清爽十足的口感绝对会让人胃口大开。炎炎夏日，本章的沙拉一定能够让食欲缺乏的你绽放味蕾、食指大动。还等什么，马上开动吧！

菠萝苹果沙拉

热量：200千卡

原料：

菠萝……………………70克
苹果……………………70克
芝麻菜…………………40克
菠菜……………………40克
紫罗勒…………………40克
胡萝卜…………………15克
石榴籽…………………15克

调料：

橄榄油………………10毫升
醋………………………适量
盐………………………适量
白糖……………………适量

做法：

1.菠萝去皮洗净，切块，放入淡盐水中略微泡一会儿。

2.苹果去皮洗净，去核后切片。

3.将芝麻菜、菠菜、紫罗勒均洗净，备用。

4.胡萝卜洗净，去皮切丝。

5.将上述食材均放入碗中。

6.加入盐、白糖；再淋入橄榄油、醋，搅拌均匀。

7.最后撒上石榴籽装饰即可。

覆盆子菠萝沙拉

热量：165千卡

原料：

香蕉……50克
猕猴桃……50克
菠萝……50克
蜜橘……40克
番石榴……40克
覆盆子……30克
石榴……15克
薄荷叶……5克

调料：

白糖……适量
苹果醋……适量

做法：

1.菠萝去皮洗净，切块；覆盆子洗净。
2.石榴剥开，取籽，待用。
3.猕猴桃去皮洗净，切成片。
4.香蕉去皮，切成块。
5.番石榴洗净，切成块。
6.蜜橘去皮，剥成瓣。
7.将上述水果装入盘中，撒上白糖，淋入苹果醋，用薄荷叶装饰即可。

葡萄柚菠萝甜橙沙拉

热量：340千卡

原料：

菠萝……………………100克

橙子……………………1个

紫葡萄…………………160克

葡萄柚…………………1/2个

圣女果…………………60克

猕猴桃…………………2个

调料：

苹果柠檬沙拉酱……60克

（酱料做法见本书P08）

做法：

1.洗净的圣女果对半切开；洗净的紫葡萄从枝干上摘下。

2.处理好的菠萝切瓣，再切成小块；洗净的葡萄柚切成瓣，去皮，切小块。

3.洗净的甜橙切成瓣，去皮；洗净的猕猴桃去皮，对半切开，切条。

4.按下列图示将备好的食材装入罐中：苹果柠檬沙拉酱→猕猴桃→菠萝→葡萄柚→紫葡萄→圣女果→橙子。

美味秘诀

◎葡萄最好从梗的根部剪掉，防止破皮，以延长保鲜时间。

油醋汁素食沙拉

热量：245千卡

原料：

生菜……40克

圣女果……50克

蓝莓……10克

杏仁……20克

调料：

白糖……5克

橄榄油……10毫升

苹果醋……10毫升

做法：

1.洗净的圣女果对半切开；洗好的生菜切段。

2.取一碗，放入生菜、杏仁、蓝莓，拌匀。

3.加入橄榄油、白糖、苹果醋，用筷子搅拌均匀。

4.取一盘，摆放上切好的圣女果。

5.倒入拌好的果蔬即可。

甜橙核桃仁沙拉

热量：342千卡

原料：

甜橙……100克

核桃仁……25克

芝麻菜……40克

奶酪碎……20克

调料：

橄榄油……8毫升

做法：

1.甜橙用清水洗净，去掉果皮，果肉切成瓣。

2.芝麻菜用清水洗净，沥干水分。

3.取一盘，放入以上所有食材。

4.加入适量橄榄油，倒入奶酪碎和核桃仁，拌匀。

杧果猕猴桃沙拉

热量：150千卡

原料：

香蕉……30克

草莓……30克

青提……30克

杧果……30克

石榴……15克

葡萄柚果肉……40克

猕猴桃……40克

菠萝……40克

薄荷叶……5克

调料：

白糖……适量

鸡尾酒……适量

盐……适量

做法：

1.菠萝洗净切小块，放在淡盐水中略泡；草莓去蒂；杧果去皮，切块；香蕉切块。

2.猕猴桃去皮切片；葡萄柚果肉掰成小瓣；石榴剥开取籽；青提洗净。

3.将上述水果放入碗中，撒上白糖。

4.淋入适量鸡尾酒，用洗净的薄荷叶装饰即可。

青杧果沙拉

热量：152千卡

原料：

青杧果 ………………………………250克

调料：

沙拉酱 ………………………………10克

做法：

1.将青杧果用清水冲洗干净。

2.用刀沿着杧果核的两侧将果肉切下来。

3.将其中一半杧果去皮，再片成几片，摆在盘底。

4.另一半纵横切上花刀，摆盘。

5.将备好的沙拉酱淋在杧果上，食用时抹匀即可。

杧果草莓沙拉

热量：132千卡

原料：

草莓……………………………100克

蓝莓……………………………20克

杧果……………………………50克

调料：

柠檬汁…………………………适量

沙拉酱…………………………10克

做法：

1.草莓用清水洗净，对半切开，沥干水分。

2.蓝莓用清水洗净。

3.杧果用清水洗净，去皮，去核，切成块。

4.取洗净的碗，装入以上所有食材。

5.淋入柠檬汁，拌入沙拉酱即可。

杧果香蕉蔬菜沙拉

热量：248千卡

原料：
杧果……135克
香蕉……70克
紫甘蓝……60克
生菜……30克
胡萝卜……40克
圣女果……25克
黄瓜……75克
紫葡萄……50克

调料：
沙拉酱……10克

做法：
1.洗净的生菜切细丝；胡萝卜切丝；黄瓜切块。
2.香蕉去皮，将果肉切段。
3.洗净的杧果取果肉切块。
4.洗净的紫甘蓝切细丝，备用。
5.取一个大碗，倒入切好的食材。
6.放入备好的紫葡萄、圣女果，摆放好。
7.挤上沙拉酱即成。

无花果沙拉盏

热量：190千卡

原料：

无花果……………………80克

奶酪……………………20克

核桃……………………10克

调料：

蜂蜜……………………适量

做法：

1.无花果用清水冲洗干净，切成瓣状。

2.切好的无花果装入纸杯中，分开果肉，摆好造型备用。

3.核桃去除果壳，剥出果仁，放入无花果中；奶酪用工具打至松软，放入无花果中。

4.再加入少许蜂蜜即可。

无花果奶酪沙拉

热量：192千卡

原料：

无花果……………………80克
芝麻菜……………………50克
干酪碎……………………10克
核桃仁……………………15克

调料：

橄榄油……………………适量
醋…………………………适量
盐…………………………适量
细砂糖……………………适量

做法：

1.无花果洗净，切成小瓣。

2.芝麻菜放入水中，清洗干净。

3.将芝麻菜、无花果、核桃仁、干酪碎放入盘中。

4.撒上备好的盐、细砂糖，搅拌均匀。

5.取碗，加入橄榄油、醋，调成酱汁。

6.酱汁与沙拉一同上桌，食用时，浇在沙拉上即可。

黄桃奶酪沙拉

热量：212千卡

原料：

黄桃……………………………………50克

西蓝花…………………………………50克

奶酪……………………………………30克

面包……………………………………20克

菠菜叶…………………………………少许

调料：

油醋汁…………………………………适量

胡椒碎…………………………………适量

淡盐水…………………………………适量

做法：

1.黄桃洗净，去皮去核后切瓣。

2.西蓝花洗净，倒入煮沸的淡盐水中焯熟，捞出。

3.菠菜叶洗净，略微焯水，捞出，摆入盘中。

4.面包切成小块，备用。

5.将黄桃、西蓝花、面包、奶酪放在菠菜叶上，淋上油醋汁，撒上胡椒碎即可。

圣女果黄桃沙拉

热量：160千卡

原料：

圣女果……………………100克

黄桃……………………120克

奶酪……………………5克

罗勒叶……………………少许

调料：

棕榈糖……………………3克

橄榄油……………………5克

做法：

1.圣女果洗净，切小块；黄桃去皮，洗净后切块；罗勒叶洗净。

2.将切好的圣女果、黄桃装入盘中，装饰上罗勒叶。

3.奶酪刨丝，均匀撒在盘中。

4.取小碟，倒入橄榄油，加入棕榈糖拌匀。

5.将调好的橄榄油均匀淋在食物上即可。

五彩果球沙拉

热量：730千卡

原料：

西瓜……530克

哈密瓜……420克

火龙果……220克

木瓜……360克

猕猴桃……2个

调料：

杏仁酸奶沙拉酱……55克

（酱料做法见本书P07）

做法：

1.用挖球勺在西瓜上挖数个西瓜球。

2.哈密瓜刮去瓤籽，用挖球勺挖数个果球。

3.用挖球勺在火龙果上挖数个果球。

4.木瓜刮去籽，用挖球勺挖数个果球。

5.用挖球勺在猕猴桃内挖数个果球。

6.按下列图示将备好的食材装入罐中：杏仁酸奶沙拉酱→哈密瓜果球→火龙果果球→西瓜果球→木瓜果球→圣猕猴桃果球。

美味秘诀

◎选择不同型号的挖球器，可将水果挖成大小不同的球。

苹果葡萄柚沙拉

热量：275千卡

原料：

葡萄柚 ……………………60克
苹果 ………………………30克
青枣 ………………………30克
芝麻菜 ……………………20克
核桃仁 ……………………20克
紫罗勒叶 …………………10克

调料：

盐 …………………………适量
细砂糖 ……………………适量
苹果醋 ……………………适量
沙拉酱 ……………………10克

做法：

1.葡萄柚去皮，取果肉。

2.苹果去核切片；青枣去核切片。

3.芝麻菜洗净，备用。

4.将苹果、青枣、芝麻菜、葡萄柚、核桃仁、紫罗勒叶放入盘中，撒上盐、细砂糖，淋上苹果醋，食用时再加沙拉酱拌匀即可。

牛油果西红柿沙拉

热量：257千卡

原料：

西红柿……50克
牛油果……50克
奶酪片……20克
芝麻菜……30克
石榴……少许

调料：

盐……适量
白糖……适量
醋……适量
橄榄油……适量

做法：

1.西红柿洗净切片；芝麻菜洗净。
2.牛油果洗净，去皮后切片；石榴剥开，取籽。
3.将上述食材和奶酪片放入盘中。
4.加少许盐、白糖、醋、橄榄油拌匀即可。

蜂蜜杏子沙拉

热量：102千卡

原料：

杏子……………………60克
糖渍草莓………………40克
薄荷叶…………………5克

调料：

蜂蜜……………………10克
苹果醋…………………适量

做法：

1.杏子用刷子刷洗净表面的绒毛，再用清水冲洗片刻，对半切开，把没保留果核的部分再对半切开。

2.糖渍草莓洗净，去掉果蒂。

3.将杏子、糖渍草莓放入盘中，淋上适量蜂蜜、苹果醋，用洗净的薄荷叶点缀即可。

双瓜石榴沙拉

热量：192千卡

原料：

西瓜……70克
哈密瓜……70克
石榴……20克
薄荷叶……5克
酸奶……50克

做法：

1.石榴用清水洗净，剥开，取出石榴籽。
2.哈密瓜去皮去籽，切块。
3.西瓜用清水洗净，去皮，切成小方块。
4.将处理好的石榴、哈密瓜、西瓜装碗。
5.浇上酸奶，放入洗净的薄荷叶即可食用。

蔬果橄榄奶酪沙拉

热量：456千卡

原料：

青橄榄……80克
黄瓜……90克
西红柿……60克
彩椒……80克
洋葱……50克
小油菜……30克
奶酪……80克
罗勒叶……少许

调料：

橄榄油……10毫升
盐……适量

做法：

1.青橄榄洗净，去核。
2.黄瓜洗净，切成片状；西红柿洗净，切成瓣。
3.彩椒、洋葱均洗净，切成丝。
4.奶酪切成块；小油菜、罗勒叶均洗净。
5.将处理好的所有食材装入碗中。
6.淋上适量橄榄油，撒入适量盐。
7.用勺子搅拌均匀即可。

芦荟奶酪蔬果沙拉

热量：263千卡

原料：

芦荟块……100克

奶酪条……40克

红椒块……50克

金枪鱼肉……30克

生菜……适量

山苍子……适量

茴香……适量

调料：

橄榄油……10毫升

盐……适量

做法：

1.将所有的食材清洗干净。

2.锅中注水烧开，放入金枪鱼肉、盐，煮至熟，捞出，撕成小块。

3.生菜垫入碗底，倒入芦荟块、奶酪条、红椒块、金枪鱼肉、山苍子。

4.淋入适量橄榄油，撒上盐，搅拌均匀，点缀上茴香即可。

玉米豌豆沙拉

热量：311千卡

原料：

玉米……………………50克

圣女果…………………50克

豌豆……………………50克

罗勒叶…………………少许

调料：

橄榄油………………10毫升

盐………………………适量

白糖……………………适量

醋………………………适量

做法：

1.玉米洗净，蒸至熟，去芯，切成小块。

2.豌豆洗净，煮熟；圣女果从中间切开。

3.取一小碟，加入橄榄油、盐、白糖和醋，拌匀，调成酱汁。

4.将玉米、豌豆、圣女果倒入碗中，将拌好的酱汁淋在食材上，撒上罗勒叶装饰即可。

玉米黄瓜沙拉

热量：385千卡

原料：

去皮黄瓜……100克
玉米粒……100克
罗勒叶……少许
圣女果……少许

调料：

沙拉酱……10克

做法：

1.洗净的黄瓜切粗条，改切成丁。
2.锅中注入适量清水烧开，倒入玉米粒，焯煮片刻。
3.关火，将焯煮好的玉米粒捞出，放入凉水中冷却。
4.捞出冷却的玉米粒，放入碗中；放入黄瓜，拌匀。
5.倒入备好的盘中，挤上沙拉酱，放上罗勒叶、圣女果做装饰即可。

美味秘诀

可以根据自己的口味，加入其他调料。

核桃油玉米沙拉

热量：809千卡

原料：

玉米粒 ……………………100克

豌豆 ………………………70克

马蹄肉 ……………………90克

胡萝卜 ……………………65克

调料：

盐 …………………………3克

白糖 ………………………2克

核桃油 ……………………适量

做法：

1.洗净的胡萝卜切成丁；马蹄肉切开，再切小方块。

2.锅中倒入清水烧开，倒入洗净的玉米粒和豌豆，加入少许盐，搅拌匀，略煮。

3.倒入胡萝卜丁，搅匀，再焯一会儿，至食材断生。

4.捞出焯好的食材，沥干水分，待用。

5.取一大碗，倒入焯好的食材，放入切好的马蹄块。

6.加入少许白糖、核桃油，快速拌至糖分完全溶化即可。

包菜莳萝开胃沙拉

热量：158千卡

原料：

包菜……150克

胡萝卜……50克

芝麻菜……20克

洋葱……少许

葱韭……少许

欧芹……少许

莳萝……少许

调料：

盐……适量

橄榄油……适量

做法：

1.将包菜洗净，先切成小段，再切成丝。

2.芝麻菜洗净，切成小段。

3.胡萝卜洗净去皮，用工具擦成细丝。

4.葱韭、欧芹、莳萝均洗净，切成碎。

5.洋葱去皮洗净，切成末。

6.将所有食材放入备好的大碗中。

7.撒入盐，淋入橄榄油，搅拌均匀即可。

玉米笋西蓝花沙拉

热量：488千卡

原料：

西蓝花……130克

花菜……20克

玉米笋……55克

杏鲍菇……150克

荷兰豆……65克

青豆……90克

调料：

猕猴桃沙拉酱……60克

（酱料做法见本书P06）

做法：

1.杏鲍菇切滚刀块；花菜、西蓝花切成小朵；玉米笋对半切开，再切成两段；锅中注水煮沸，将杏鲍菇、青豆、荷兰豆分别焯煮至断生，捞出沥干，晾凉。

2.罐沙拉就该这样装：猕猴桃沙拉酱→杏鲍菇→西蓝花→玉米笋→荷兰豆→花菜→青豆。

法式尼斯沙拉

热量：578千卡

原料：

苦菊……35克
鸡蛋……2个
西红柿……90克
去核的黑橄榄……15克
土豆……1个
芦笋……40克
荷兰豆……25克

调料：

凤尾鱼沙拉酱……55克
（酱料做法见本书P11）

做法：

1.土豆洗净切块；芦笋洗净切段；西红柿洗净切片；去核的黑橄榄切片；苦菊用手撕成小片。
2.鸡蛋煮熟，去壳，切成片。
3.荷兰豆、芦笋、土豆分别焯水至断生，晾凉。
4.罐沙拉就该这样装：凤尾鱼沙拉酱→土豆→芦笋→鸡蛋→西红柿→荷兰豆→苦菊→黑橄榄。

冰镇田园蔬菜沙拉

热量：411千卡

原料：

玉米粒……80克

圣女果……100克

黄瓜……100克

调料：

橄榄油……15毫升

柠檬汁……5毫升

做法：

1.洗净的黄瓜切小丁。

2.洗好的圣女果对半切开。

3.锅中注水烧开，倒入玉米粒，焯煮一会儿至断生。

4.捞出焯好的玉米粒，沥干水分，装碗待用。

5.待玉米粒放凉后加入切好的圣女果。

6.倒入黄瓜丁和柠檬汁。

7.淋入橄榄油，搅拌均匀。

8.封上保鲜膜，放入冰箱冷藏30分钟，取出，撕开保鲜膜，装入盘中即可。

茄泥沙拉

热量：119千卡

原料：

茄子……200克
红彩椒……半个
圣女果……60克
生菜……1片
芝麻……适量

调料：

盐……适量
橄榄油……5毫升

做法：

1.将茄子洗净，去掉外皮，切成丁块；圣女果洗净；生菜洗净；红彩椒洗净。

2.锅中注入适量清水烧开，放入茄子丁、盐、橄榄油、芝麻拌匀，煮至茄子熟透，用勺子将锅内食材捣成泥，填入红彩椒中。

3.将生菜铺入盘中，放上圣女果和红彩椒，食用前淋上橄榄油即可。

麻辣蔬菜沙拉

热量：135千卡

原料：

包菜……150克
紫甘蓝……150克
黄瓜……100克
红色圣女果……50克
黄色圣女果……50克
胡萝卜……20克

调料：

盐……3克
橄榄油……适量
花椒……适量
芥末沙拉酱……适量

做法：

1.食材洗净；包菜、紫甘蓝、胡萝卜切丝。
2.黄瓜、圣女果洗净，切片。
3.将切好的材料分层摆入盘中。
4.食用时调入适量盐、橄榄油、花椒、芥末沙拉酱，拌匀即可。

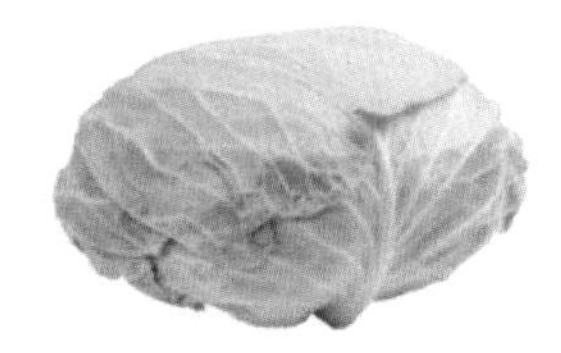

橄榄油蔬菜沙拉

热量：537千卡

原料：

鲜玉米粒……………90克

圣女果……………120克

黄瓜……………100克

熟鸡蛋……………1个

生菜……………50克

调料：

沙拉酱……………10克

白糖……………7克

凉拌醋……………8毫升

盐……………少许

橄榄油……………3毫升

做法：

1.食材洗净；黄瓜切片；生菜切碎；圣女果对半切开。

2.将熟鸡蛋剥壳，切开，取蛋白，切小块。

3.锅中注水烧开，倒入玉米粒，煮至断生，捞出，沥干。

4.取适量黄瓜片，围在盘子边沿作装饰。

5.玉米粒装碗，放入圣女果、黄瓜、蛋白。

6.加入沙拉酱、白糖、凉拌醋、盐、橄榄油，搅拌片刻，使食材入味。

7.盛出拌好的食材，装入装饰好的盘中，撒上生菜即可。

冰镇芝麻蔬菜沙拉

热量：142千卡

原料：

生菜叶……100克

圣女果……150克

黄瓜……50克

黑芝麻……3克

调料：

沙拉酱……适量

做法：

1.洗净的黄瓜切成片；洗净的圣女果对半切开。

2.将洗净的生菜叶铺在盘底，倒入圣女果和黄瓜片，封上保鲜膜，放入冰箱冷藏30分钟。

3.取出蔬菜，撕开保鲜膜，撒上黑芝麻，挤上沙拉酱即可。

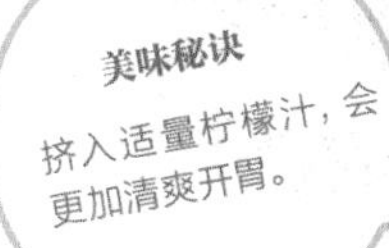

美味秘诀

挤入适量柠檬汁，会更加清爽开胃。

华道夫沙拉

热量：187千卡

原料：

苹果……100克

芹菜……20克

小红莓……20克

核桃果……20克

生菜叶……20克

调料：

蛋黄酱……15克

做法：

1.苹果洗净切大块；芹菜洗净切小段。

2.将小红莓洗净切好；将核桃果洗净切好；生菜叶洗净。

3.取盘，将洗净的生菜叶铺在盘子上，再倒入其他食材。

4.将蛋黄酱淋在食材上，搅拌均匀即可。

五彩沙拉

热量：208千卡

原料：

金针菇……70克
土豆……80克
胡萝卜……45克
彩椒……30克
黄瓜……180克
紫甘蓝……35克

调料：

沙拉酱……10克

做法：

1.洗净的胡萝卜、彩椒、土豆、黄瓜、紫甘蓝切细丝。
2.锅中注入适量清水烧开，倒入金针菇，搅匀，煮至八九成熟。
3.捞出金针菇，沥干水分，待用。
4.把土豆放入沸水锅中，煮约2分钟至熟。
5.把煮好的土豆捞出，沥干水分，待用。
6.取一个盘子，放入金针菇、黄瓜、土豆、彩椒、胡萝卜。
7.倒入紫甘蓝，挤上沙拉酱即成。

香蕉燕麦片沙拉

热量：556千卡

原料：

苹果……1/2个
香蕉……70克
猕猴桃……1个
橙子……1/2个
核桃仁……20克
燕麦片……20克

调料：

橄榄油……少许
蜂蜜酸奶蓝莓酱……55克
（酱料做法见本书P08）

做法：

1.香蕉切段；橙子、苹果、猕猴桃洗净切小块。
2.核桃仁掰成小一点的块。
3.将平底锅烧热，滴入数滴橄榄油，倒入燕麦片，炒香，盛出。
4.罐沙拉就该这样装：蜂蜜酸奶蓝莓酱→苹果→猕猴桃→橙子→燕麦片→香蕉→核桃仁。

美味秘诀

如果担心吃炒燕麦上火，也可以将燕麦片泡软后食用。

鱼子水果沙拉盏

热量：217千卡

原料：

火龙果……150克

橙子……100克

圣女果……50克

葡萄……50克

鱼子……20克

调料：

卡夫奇妙酱……10克

做法：

1.圣女果、葡萄洗净，对切后放入盘底。

2.橙子一半切片，摆在圣女果和葡萄上面；一半去皮切丁。

3.鱼子用凉开水洗净备用。

4.将火龙果洗净，挖出瓤切丁后作为器皿，放在橙子片上。

5.将火龙果丁、橙子丁放入器皿中，淋上卡夫奇妙酱，撒上鱼子即可。

Part 3

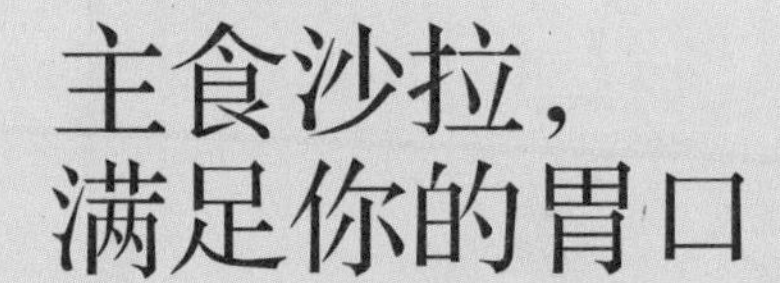

主食沙拉，满足你的胃口

提到主食，人们想到的是米饭和馒头，殊不知，营养丰富、饱腹感强的沙拉同样能够作为主食被端上餐桌。本章所列沙拉均可以满足你的胃口，填饱你的肚子，让你吃得开心又健康。

彩椒鲜蘑沙拉

热量：425千卡

原料：

去皮胡萝卜……40克
彩椒……60克
口蘑……50克
去皮土豆……150克

调料：

盐……2克
橄榄油……10毫升
胡椒粉……3克
沙拉酱……10克

做法：

1.洗净的胡萝卜切片。
2.洗好的彩椒切片。
3.洗净的口蘑切块。
4.洗好的土豆切片。
5.锅中注入适量清水烧开，倒入土豆、口蘑、胡萝卜、彩椒，焯煮一会儿。
6.关火，将焯煮好的食材捞出，放入凉水中，冷却后装入碗中。
7.加入盐、橄榄油、胡椒粉，用筷子搅匀。
8.将拌好的食材装盘，挤上沙拉酱即可。

年糕沙拉

热量：515千卡

原料：

水晶年糕……………200克

马蹄……………………400克

巧克力针………………10克

生菜叶…………………适量

调料：

卡芙酱…………………30克

做法：

1.将水晶年糕切成丁。

2.锅中注水烧开，放入水晶年糕，焯水，捞出，沥干水分，冷却待用。

3.将马蹄洗净，放入沸水锅中，焯水捞出，沥干水分，冷却，去皮切丁。

4.将卡芙酱、马蹄丁与年糕丁搅拌在一起。

5.盘中摆入生菜叶，倒入拌好的食材，撒上巧克力针即可。

土豆沙拉配鱼子沙拉酱

热量：630千卡

原料：

豌豆……50克

去皮胡萝卜……130克

土豆……200克

调料：

椰子油……5毫升

鱼子酱……50克

椰奶……100毫升

做法：

1.去皮胡萝卜切丁。

2.洗净的土豆削皮，切丁。

3.锅中注入适量清水烧开，放入土豆、胡萝卜，倒入洗净的豌豆。

4.加盖，用大火煮开后转小火续煮5分钟至食材熟软。

5.揭盖，捞出煮好的食材，沥干水分，装碗，放凉即成土豆沙拉。

6.取一碗，倒入椰子油、鱼子酱和椰奶。

7.搅拌均匀，制成鱼子沙拉酱。

8.装入小碗中，食用时淋在装好盘的材料上即可。

哈密瓜土豆泥沙拉

热量：366千卡

原料：

哈密瓜……………………500克

土豆………………………100克

百里香……………………适量

葱花………………………适量

调料：

橄榄油…………………10毫升

做法：

1.将哈密瓜洗净外皮，去掉瓤，用挖球器挖出部分果肉，堆放回果皮内。

2.将土豆洗净，去掉外皮，切成丁块。

3.将土豆放入锅中，加水捣煮成土豆泥，加入少许橄榄油拌匀。

4.把土豆泥填入哈密瓜皮内，点缀上百里香、葱花，食用时淋上橄榄油即可。

奶油土豆沙拉

热量：300千卡

原料：

土豆……………………160克

淡奶油…………………10克

干香葱…………………适量

调料：

白糖……………………适量

橄榄油………………10毫升

做法：

1.土豆洗净泥沙，削去外皮。

2.去皮的土豆切片，再切条，改切成均匀的块状。

3.锅中倒入适量清水，用大火烧开。

4.放入切好的土豆块，加入适量的淡奶油，搅拌均匀。

5.加入适量的白糖，煮至土豆熟透。

6.将煮熟的土豆捞出，放凉待用。

7.放凉的土豆装入盘中，淋入橄榄油拌匀，撒上干香葱即可。

紫薯牛油果沙拉

热量：536千卡

原料：

紫薯 ………………………………… 150克
牛油果 ……………………………… 100克
奶酪 ………………………………… 30克
熟松子 ……………………………… 10克
水芹 ………………………………… 10克

调料：

红酒 ………………………………… 适量
橄榄油 ……………………………… 10毫升

做法：

1.水芹洗净切段；紫薯洗净；牛油果洗净切片。

2.蒸锅加清水，大火烧开，将紫薯入锅用大火蒸熟，取出，放凉后切成片。

3.将紫薯片与牛油果片分层摆成塔形，撒上熟松子。

4.放上奶酪、水芹段，淋入红酒、橄榄油即可食用。

南瓜核桃仁沙拉

热量：826千卡

原料：

南瓜……150克

核桃仁……50克

肉桂粉……4克

调料：

盐……3克

食用油……适量

椰子油……5毫升

椰子油沙拉酱……60克

做法：

1.南瓜去皮、瓤，切块，焯水，备用。

2.热锅注入适量食用油，烧至六成热，倒入核桃仁，炸至深褐色，捞出，沥干油，再切小块。

3.往南瓜中倒入炸好的核桃仁，再放入椰子油和椰子油沙拉酱，充分拌匀。

4.热锅注入适量食用油，烧至七成热，放入拌好的南瓜和核桃仁，炸至金黄色，捞出，盛入盘中，撒上盐、肉桂粉即可。

苦瓜榨菜豆腐沙拉

热量：206千卡

原料：

苦瓜……100克
嫩豆腐……100克
白洋葱……60克
西红柿……60克
榨菜……80克
海苔……适量
姜末……适量
蒜末……适量
白芝麻……适量

调料：

椰子油……3毫升
盐……3克
生抽……3毫升
醋……3毫升
白糖……适量
黑胡椒粉……适量

做法：

1.豆腐切丁；洗净的白洋葱切丝；洗净的苦瓜去瓤，切斜刀片。

2.洗净的榨菜切小块；洗净的西红柿切丁。

3.海苔剪成条状。

4.锅中注入适量清水，大火烧开，放入苦瓜，焯煮至断生。

5.捞出，沥干水分，待用。

6.备好碗，放入姜末、蒜末、2毫升椰子油、生抽、醋、白糖、白芝麻、黑胡椒粉，搅拌匀，制成味汁，待用。

7.备一个大碗，放入苦瓜，倒入1毫升椰子油、盐拌匀。

8.倒入豆腐、西红柿、榨菜、白洋葱，充分拌匀，装入盘中。

9.浇上味汁，撒上适量海苔即可。

美味秘诀

◎给苦瓜焯水时可加入些盐，能更好地去除苦味。

紫薯沙拉

热量：264千卡

原料：

紫薯片 ………………200克

牛奶 ………………50毫升

调料：

沙拉酱 ………………适量

做法：

1.取电蒸笼，注入适量清水烧开，放入紫薯片。

2.盖上盖子，将旋钮调至“20”的时间刻度开始蒸制，断电后揭盖，取出紫薯片。

3.取一碗，放入蒸好的紫薯片，倒入牛奶。

4.用筷子将紫薯夹碎。

5.倒入袋子中，用擀面杖压成泥状。

6.在袋子的一角剪一个小口子。

7.将紫薯泥挤在备好的锡纸模具中，压平。

8.将紫薯泥倒扣在盘中，挤上沙拉酱即可。

美味秘诀

◎如果没有沙拉酱，可以用酸奶代替。

红薯包菜沙拉

热量：329千卡

原料：

红薯……………………200克

包菜……………………30克

黄瓜……………………150克

西红柿…………………150克

调料：

沙拉酱…………………10克

做法：

1.食材洗净；黄瓜切段；西红柿切块；红薯去皮切块。

2.将包菜放入沸水中稍烫，捞出盛入盘中。

3.将备好的原材料放入盘中，食用时蘸取沙拉酱即可。

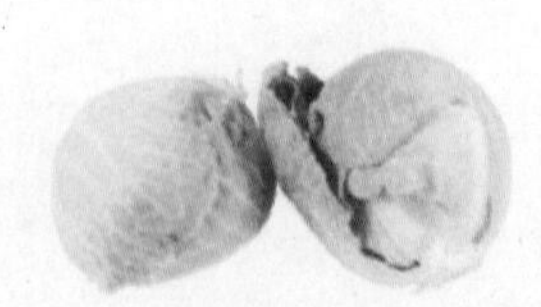

燕麦沙拉

热量：414千卡

原料：

燕麦 ……………………50克
樱桃萝卜 ………………20克
烤面包 …………………50克
香菜 ……………………5克

调料：

盐 ………………………少许
酱油 ……………………少许
醋 ………………………少许
沙拉酱 …………………10克

做法：

1.香菜洗净沥干；樱桃萝卜洗净切片；烤面包切块。

2.燕麦放入锅里，炒熟。

3.取一碗，放入燕麦、樱桃萝卜和烤面包。

4.加入沙拉酱、盐、酱油、醋，拌匀，点缀上香菜即可。

玉米燕麦沙拉

热量：397千卡

原料：

玉米 ………………………50克

西红柿 ……………………50克

黄瓜 ………………………30克

燕麦 ………………………50克

调料：

盐 …………………………适量

酱油 ………………………适量

醋 …………………………适量

沙拉酱 ……………………20克

做法：

1.取一锅，倒入水，放入玉米，氽煮一会儿至熟。

2.将煮熟的玉米捞出，掰成玉米粒。

3.西红柿洗净，先切瓣，再改切丁。

4.黄瓜洗净，先切条，再改切丁。

5.燕麦放入锅里，炒熟。

6.取一碗，放入以上所有食材。

7.拌入沙拉酱，加入盐、酱油和醋，拌匀即可食用。

牛蒡白芝麻沙拉

热量：335千卡

原料：

去皮牛蒡……………100克

黄瓜……………………100克

熟白芝麻………………5克

调料：

椰子油…………………5毫升

蜂蜜……………………10克

食用油…………………适量

简易海带醋酱油‥10毫升

（酱料做法见本书P11）

椰子油沙拉酱………40克

（酱料做法见本书P11）

做法：

1.洗净的黄瓜切细丝；去皮牛蒡切细丝。

2.沸水锅中倒入蜂蜜、牛蒡丝，拌匀，焯煮约1分钟至断生，捞出，沥干水待用。

3.热锅注入椰子油烧热，倒入牛蒡丝炒匀，倒入简易海带醋酱油，翻炒至入味，盛入盘中，再放入黄瓜、熟白芝麻、椰子油沙拉酱拌匀，待用。

4.热锅注入食用油，烧至七成热，倒入步骤3中材料，油炸片刻，盛入盘中即可。

牛肉蔬菜沙拉

热量：534千卡

原料：

甜玉米粒（罐头）……………………65克

黄豆芽…………………………………100克

生菜……………………………………80克

圣女果…………………………………70克

胡萝卜…………………………………80克

黄瓜……………………………………75克

牛肉……………………………………200克

蒜末……………………………………适量

调料：

食用油…………………………………适量

番茄辣椒酱……………………………45克

（酱料做法见本书P10）

做法：

1.黄瓜、胡萝卜切丝；圣女果对半切开；生菜用手撕成小片；牛肉切成粗丝。

2.蒜末下油锅爆香，倒入牛肉丝炒至断生，盛出。

3.将胡萝卜、黄豆芽焯煮至断生，捞出，晾凉。

4.罐沙拉这样装：番茄辣椒酱→牛肉→黄豆芽→胡萝卜→黄瓜→圣女果→甜玉米粒→生菜。

经典地中海沙拉

热量：137千卡

原料：

黄瓜……100克
圣女果……50克
鸡蛋……60克
生菜……20克
洋葱……20克
彩椒……30克
红椒圈……少许

调料：

苹果醋……10毫升
盐……3克

做法：

1.黄瓜洗净，切片；圣女果洗净，切瓣。
2.洋葱洗净，切成均匀的丝状。
3.彩椒洗净，切成均匀的条状。
4.生菜洗净，垫入准备好的盘子里。
5.锅中注入适量清水，放入鸡蛋煮至熟透。
6.捞出煮熟的鸡蛋，去掉蛋壳，切成均匀的四瓣。
7.将食材依次摆入盘中，淋入适量的苹果醋，撒上盐即可。

土豆鸡蛋包菜沙拉

热量：243千卡

原料：

土豆……150克

熟鸡蛋……40克

圣女果……2个

包菜……2片

调料：

沙拉酱……10克

做法：

1.包菜洗净，铺入盘中；圣女果洗净，放入盘中，熟鸡蛋切瓣，摆入盘中。

2.土豆洗净，切成块状，倒入沸水锅中，煮至熟，捞出。

3.将土豆倒入碗中，倒入适量的沙拉酱搅拌均匀，拌好后转入盘中即可。

双瓜鸡蛋沙拉

热量：299千卡

原料：

西瓜……60克
哈密瓜……60克
苹果……30克
鸡蛋……2个
生菜……30克
胡萝卜……20克

调料：

白糖……5克
沙拉酱……10克
盐……适量
苹果醋……适量

做法：

1.生菜叶洗净，垫入盘底。
2.鸡蛋煮熟，切瓣，摆入盘中。
3.胡萝卜去皮洗净，切薄片。
4.西瓜、哈密瓜均取果肉，用挖球器挖小球；苹果洗净，去皮切丁。
5.将上述食材加盐、白糖、苹果醋拌匀，装入摆放鸡蛋和生菜的盘中，食用时加沙拉酱即可。

土豆虾仁鸡蛋沙拉

热量：207千卡

原料：

土豆块……………………80克
虾仁………………………30克
白巧克力花托…………3个
樱桃………………………3颗
熟蛋黄……………………1个
茴香碎……………………适量

调料：

沙拉酱……………………10克
蜂蜜………………………适量

做法：

1.将蜂蜜涂抹在杯子边缘，撒上茴香碎作装饰。

2.锅中注入适量水烧开，分别将土豆块和虾仁煮熟，捞出。

3.将土豆块和虾仁倒入杯中，淋入适量沙拉酱搅拌均匀。

4.撒上拍碎的熟蛋黄，放入白巧克力花托和樱桃点缀即可。

芦笋鸡蛋沙拉

热量：228千卡

原料：

鸡蛋……1个
芦笋……75克
面包块……15克
生菜……少许

调料：

橄榄油……5毫升
沙拉酱……5克
盐……适量

做法：

1.鸡蛋放入锅中，煮约7分钟，取出，剥去壳后对半切开。

2.生菜洗净，垫入盘底。

3.芦笋洗净，入沸水，加盐，焯水至熟，捞出，沥干水分。

4.将鸡蛋、芦笋放入生菜盘中，淋上橄榄油，撒上面包块，食用时，放入沙拉酱拌匀即可。

豌豆鹌鹑蛋沙拉

热量：489千卡

原料：

豌豆……50克

鹌鹑蛋……50克

南瓜……50克

玉米粒……50克

白萝卜……10克

莳萝……少许

调料：

橄榄油……10毫升

盐……适量

醋……适量

做法：

1.锅中注入适量清水烧开，放入洗净的豌豆、玉米粒，氽煮一会儿至熟，捞出，沥干，装盘待用。

2.鹌鹑蛋放入水中煮熟，捞出，放凉后剥壳，切成小瓣。

3.白萝卜洗净，切条，倒入沸水锅中，焯水片刻，捞出。

4.南瓜去皮，切丁，倒入沸水锅中，焯水片刻，捞出。

5.将以上所有食材装入碗里。

6.加入橄榄油、盐、醋搅拌均匀，再用莳萝点缀即可。

鹌鹑蛋玉米沙拉

热量：186千卡

原料：

小油菜……………………80克
圣女果……………………50克
鹌鹑蛋……………………2个
玉米………………………70克
黄油………………………适量

调料：

盐…………………………适量

做法：

1.小油菜摘洗干净，铺入盘底；圣女果洗净，切成片，铺在盘边。

2.锅中注入适量清水，放入鹌鹑蛋，小火煮熟，捞出。

3.另起锅，倒入清水煮开，加入黄油、玉米，煮至玉米熟透，捞出。

4.鹌鹑蛋去皮，对半切开，放入盘中，再将玉米粒剥下来，堆在盘中央，撒上盐即可。

红薯鸡肉沙拉

热量：260千卡

原料：

白薯……60克

红心红薯……60克

鸡胸肉……70克

调料：

葡萄籽油……适量

做法：

1.洗净去皮的白薯、红心红薯切丁；鸡胸肉切丁。

2.锅中注入适量的清水，大火烧开。

3.倒入白薯丁、红心红薯丁、鸡肉丁，搅拌均匀。

4.盖上锅盖，大火煮10分钟至熟。

5.掀开锅盖，淋上少许葡萄籽油，搅拌片刻，使食材入味即可。

美味秘诀

鸡胸肉先用生粉腌渍片刻，口感会更好。

鸡肉葡萄柚沙拉

热量：149千卡

原料：

鸡肉……60克
葡萄柚……80克
芝麻菜……20克
生菜……20克
紫罗勒……20克

调料：

胡椒粉……适量
盐……适量
橄榄油……适量
蛋黄酱……适量

做法：

1.鸡肉洗净，装入烤盘中。
2.撒上胡椒粉、盐，淋上适量橄榄油，揉搓至入味。
3.放入预热好的烤箱中，烘烤至熟透。
4.将烤好的鸡肉取出，切成均匀的小块。
5.将芝麻菜、生菜、紫罗勒均洗净，备用。
6.葡萄柚去皮，取果肉备用。
7.将鸡肉、芝麻菜、生菜、紫罗勒、葡萄柚一同放入盘中，食用时加蛋黄酱即可。

木瓜鸡肉沙拉

热量：773千卡

原料：

熟鸡胸肉……155克

木瓜丁……130克

核桃仁……80克

调料：

盐……1克

黑胡椒粉……2克

橄榄油……5毫升

沙拉酱……适量

做法：

1.鸡胸肉切丁。

2.核桃仁压碎，剁烂，待用。

3.将木瓜丁装碗。

4.放入鸡肉丁。

5.加入核桃碎，拌至均匀。

6.放入盐、黑胡椒粉、橄榄油。

7.拌匀至入味。

8.将拌好的菜肴装盘，挤入沙拉酱即可。

美味秘诀

◎核桃仁不用剁太碎，以免影响口感。

秋葵鸡肉沙拉

热量：244千卡

原料：

秋葵……90克

鸡胸肉块……100克

西红柿……110克

柠檬……35克

调料：

盐……2克

黑胡椒粉……少许

芥末酱……10克

橄榄油……适量

食用油……适量

做法：

1.将洗净的秋葵切去头尾，斜刀切段。

2.洗好的西红柿切开，再切小块。

3.用油起锅，放入洗净的鸡胸肉块，煎出香味，翻炒鸡肉块，煎至两面断生。

4.关火后盛出，放凉后切成小块。

5.锅中注入适量清水烧开，放入切好的秋葵焯煮片刻，至其断生后捞出沥干，待用。

6.取一大碗，倒入焯熟的秋葵，放入切好的鸡肉块。

7.倒入西红柿块拌匀，挤入柠檬汁，加入盐、芥末酱。

8.撒上黑胡椒粉，淋入橄榄油，搅拌一会儿，至食材入味。

鲜虾杧果蓝莓沙拉

热量：481千卡

原料：

杧果……………………400克

橘子……………………170克

紫甘蓝…………………140克

圣女果…………………70克

虾仁……………………85克

蓝莓……………………60克

调料：

黑胡椒沙拉酱………40克

（酱料做法见本书P09）

做法：

1.虾仁去除虾线，下入沸水中焯煮至断生，捞出沥干，晾凉。

2.杧果洗净切丁；圣女果对半切开。

3.紫甘蓝用手撕成小片；橘子剥皮，掰成瓣。

4.蓝莓洗净，沥干水分备用。

5.按下列图示将备好的食材装入罐中：黑胡椒沙拉酱→虾仁→杧果→紫甘蓝→橘子→圣女果→蓝莓。

美味秘诀

◎焯煮好的虾仁可以过一遍凉水，肉质会更有弹性。

鲜虾牛油果椰子油沙拉

热量：604千卡

原料：

洋葱……50克

牛油果……1个

鲜虾仁……70克

蒜末……10克

调料：

盐……2克

胡椒粉……4克

柠檬汁……6毫升

椰子油……5毫升

朗姆酒……5毫升

食用油……500毫升

椰子油沙拉酱……60克

（酱料做法见本书P11）

做法：

1.洗净的洋葱切片。

2.洗净的牛油果去皮、核，切块，与柠檬汁拌匀。

3.锅中倒入椰子油烧热，放入蒜末爆香，倒入处理干净的虾仁，炒半分钟至转色，加盐、胡椒粉调味。

4.盛出，装碗，放入朗姆酒，拌匀待用。

5.碗中放入牛油果、洋葱片、椰子油沙拉酱，拌匀。

6.倒入烧至六成热的油锅中，炸约2分钟至外表金黄，捞出，沥干油分，装盘即可。

虾米洋葱裙带菜沙拉

热量：346千卡

原料：

虾米……50克

白洋葱……230克

水发裙带菜……50克

生菜……50克

调料：

葡萄柚汁……100毫升

椰子油……5毫升

白醋……5毫升

盐……2克

黑胡椒粉……3克

做法：

1.洗净的白洋葱切丝；洗好的生菜切丝；泡好的裙带菜切丝。

2.锅置火上烧热，倒入虾米，翻炒3分钟至散发焦香，盛出装碗，待用。

3.取一碗，倒入椰子油、白醋、盐、黑胡椒粉、葡萄柚汁，搅拌均匀成沙拉汁。

4.将白洋葱丝、裙带菜、虾米放入碗中，搅拌均匀。

5.备好盘子，将切好的生菜丝铺在盘底，放入拌好的食材，浇上沙拉汁即可。

牛油果蟹肉棒沙拉

热量：674千卡

原料：

法式面包……40克

蟹肉棒……80克

白洋葱……60克

牛油果……180克

圣女果……40克

调料：

柠檬汁……10毫升

椰子油……10毫升

生抽……5毫升

咖喱粉……5克

盐……2克

黑胡椒粉……5克

做法：

1.洗净去蒂的圣女果对半切开；洗好的白洋葱切丝；蟹肉棒撕成丝；洗净的牛油果去皮、核，切块。

2.干榨杯中放入一半牛油果，加入柠檬汁、50毫升凉开水。

3.搅拌约20秒成牛油果泥，装碗，待用。

4.锅置火上，倒入椰子油烧热，倒入蟹肉棒、白洋葱，炒半分钟至转色。

5.加入生抽，炒匀，装碗待用。

6.取大碗，放入另一半牛油果、咖喱粉、盐、黑胡椒粉，拌匀，再倒入炒好的食材，加入牛油果泥，充分拌匀，即成沙拉。

7.将沙拉装盘，放上圣女果。

8.取适量沙拉抹在法式面包上，装盘即可。

金枪鱼水果沙拉

热量：789千卡

原料：

熟金枪鱼肉 ··········180克

苹果 ························80克

圣女果 ··················150克

调料：

山核桃油 ················适量

白糖 ··························3克

沙拉酱 ····················50克

做法：

1.洗净的圣女果对半切开；熟金枪鱼肉切成小块。

2.苹果去核切瓣，依次在每一瓣的左右两边切三刀，切成花状。

3.在苹果上摆放圣女果、金枪鱼肉待用。

4.取一个碗，倒入沙拉酱、白糖、山核桃油，搅匀。

5.将调好的酱浇在食材上即可。

美味秘诀

鱼肉可以撕得碎点，口感会更好。

金枪鱼酿西红柿

热量：239千卡

原料：

生菜……100克

金枪鱼……50克

西红柿……3个

竹笋……3个

圣女果……3个

黄瓜……50克

调料：

沙拉酱……10克

做法：

1.西红柿去蒂，洗净去掉籽；生菜洗净切成细丝；黄瓜雕花，摆在盘子中央作装饰。

2.将切好的生菜装入盘中，放入沙拉酱搅拌均匀。

3.将已调好沙拉酱的生菜放入西红柿内。

4.最后铺上备好的金枪鱼，用竹笋、圣女果稍作装饰即可。

西红柿金枪鱼沙拉

热量：157千卡

原料：

西红柿……120克

金枪鱼罐头……50克

罗勒叶……少许

调料：

橄榄油……3毫升

盐……2克

白糖……适量

做法：

1. 西红柿洗净，切块；罗勒叶洗净，控干水分。
2. 将金枪鱼罐头打开，取出鱼肉，沥干汁水后用刀叉绞碎。
3. 将西红柿摆入盘中，放上金枪鱼肉，饰以罗勒叶。
4. 淋入橄榄油，撒上少许盐和白糖，拌匀即可。

土豆豆角金枪鱼沙拉

热量：329千卡

原料：

土豆块……150克
豆角……50克
西红柿……50克
芝麻菜……30克
金枪鱼罐头……80克
香草碎……少许

调料：

橄榄油……3毫升
盐……2克
白糖……2克
胡椒粉……少许

做法：

1.将备好的豆角洗净，择好。
2.备好的西红柿洗净，先对半切开，再均匀切块。
3.将芝麻菜洗净，沥干水，备用。
4.打开罐头，取出金枪鱼肉，沥干汁水。
5.取碗，装入处理好的西红柿、芝麻菜、金枪鱼肉。
6.将土豆、豆角放入沸水中焯熟，捞出待凉，装入碗中。
7.取一小碟，加入橄榄油、盐、白糖、胡椒粉、香草碎拌匀，调成味汁，淋在沙拉上即可。

土豆玉米金枪鱼沙拉

热量：575千卡

原料：

土豆……150克

熟金枪鱼……50克

玉米粒……40克

洋葱……15克

鸡蛋……1个

调料：

盐……少许

蛋黄酱……30克

黑胡椒粉……2克

做法：

1.洗净去皮的土豆切块，放入电蒸锅中，蒸熟后取出，放凉。

2.鸡蛋放入水中煮熟，捞出，放凉后去壳，切成小瓣。

3.玉米粒放入开水锅中汆煮至断生，捞出，沥干待用。

4.洗好的洋葱切丁。

5.金枪鱼撕片。

6.碗中放入蛋黄酱、洋葱丁，撒上黑胡椒粉、盐，拌匀，制成酱料。

7.取一个大碗，放入土豆块、玉米粒、金枪鱼肉，再加入酱料，搅拌匀，

8.盛入盘中，再放上切好的熟鸡蛋即可。

黑椒三文鱼芦笋沙拉

热量：638千卡

原料：

胡萝卜……………………40克
圣女果……………………90克
熟鸡蛋……………………50克
芦笋……………………100克
三文鱼…………………240克
菠萝……………………180克

调料：

杧香芥奶酱……………70克
（酱料做法见本书P10）
黑胡椒……………………2克
盐…………………………1克
食用油…………………适量
橄榄油…………………适量

做法：

1.菠萝洗净切小块；胡萝卜洗净切片；圣女果对半切开；芦笋切段；熟鸡蛋剥壳，对半切开；三文鱼切条，备用。

2.锅中注水烧开，放入盐，加入食用油，倒入芦笋，搅匀，煮至断生，捞出待用。

3.平底锅中放入橄榄油，加热，放入三文鱼，煎至两面金黄，撒上黑胡椒。

4.按下列图示将备好的食材装入罐中：杧香芥奶酱→三文鱼→芦笋→熟鸡蛋→胡萝卜→菠萝→圣女果。

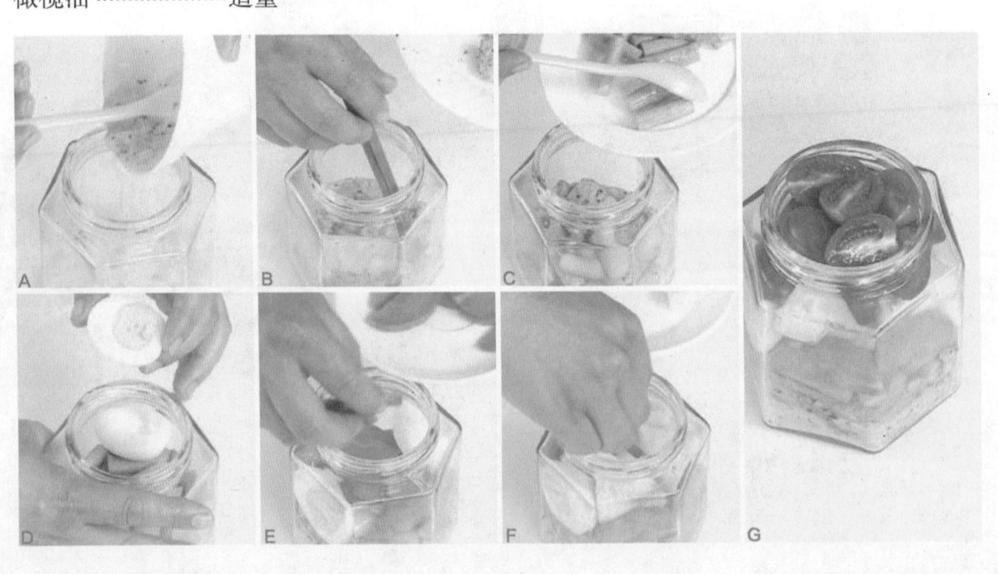

橙香鱿鱼沙拉

热量：636千卡

原料：

西红柿……95克
胡萝卜……70克
西葫芦……160克
鱿鱼……130克
西芹……60克
油菜……60克
姜丝……适量

调料：

盐……适量
食用油……适量
橄榄油橙醋酱……60克
（酱料做法见本书P09）

做法：

1.鱿鱼切花刀，再切成片；西葫芦切小块；西芹切段；油菜切开；胡萝卜、西红柿切片。

2.锅中注水煮沸，加入适量盐、食用油，将胡萝卜、西葫芦、西芹、油菜分别焯煮至断生，捞出沥干。

3.沸水中加入姜丝，放入切好的鱿鱼，烫至卷曲，捞出备用。

4.罐沙拉就该这样装：橄榄油橙醋酱→鱿鱼→西葫芦→胡萝卜→西红柿→西芹→油菜。

带子肉果蔬沙拉

热量：232千卡

原料：

带子肉 ··················100克
芥蓝 ······················100克
杧果 ······················100克
青甜椒块 ················50克
红甜椒块 ················50克
姜 ··························少许

调料：

盐 ··························适量
沙拉酱 ···················适量

做法：

1.芥蓝洗净，切丁；杧果去皮，切丁；带子肉洗净备用。

2.锅中注水烧开，放入切好的青、红甜椒及芥蓝，稍烫，捞出。

3.带子肉放入清水锅中，加盐、姜，煮好，捞出。

4.将备好的原材料放入盘中，食用时蘸取沙拉酱即可。

海藻沙拉

热量：221千卡

原料：

内酯豆腐……………………1块
海藻…………………………15克
芝麻菜………………………10克
菠菜…………………………15克
面包片………………………少许
白芝麻………………………少许
黑芝麻………………………少许

调料：

橄榄油………………………适量
食用油………………………适量
盐……………………………少许
醋……………………………适量

做法：

1.锅中注入适量清水烧开，倒入洗净的芝麻菜汆煮至断生，捞出。

2.继续往开水锅中倒入洗净的菠菜，汆煮至断生，捞出。

3.热锅注油，烧至六成熟，加少许盐，放入豆腐。

4.将豆腐煎至两面金黄，盛入备好的盘中。

5.面包片放入预热好的烤箱内，烤至酥脆。

6.将海藻放到豆腐上，放上烤面包片，再放上菠菜。

7.放上芝麻菜，撒上白芝麻、黑芝麻、盐，淋上橄榄油、醋即可。

海带丝玉米青豆沙拉

热量：527千卡

原料：

紫甘蓝……100克
胡萝卜……80克
包菜……70克
青豆……40克
海带丝……50克
玉米粒……70克

调料：

中式沙拉酱……45克
（酱料做法见本书P06）

做法：

1.包菜、紫甘蓝、胡萝卜均洗净，切成丝。
2.海带丝切成适宜长度的段。
3.锅中注水煮沸，将海带丝、包菜丝、青豆、胡萝卜丝、玉米粒分别焯煮至断生，捞出沥干，晾凉。
4.罐沙拉就该这样装：中式沙拉酱→海带丝→胡萝卜丝→包菜丝→紫甘蓝丝→玉米粒→青豆。

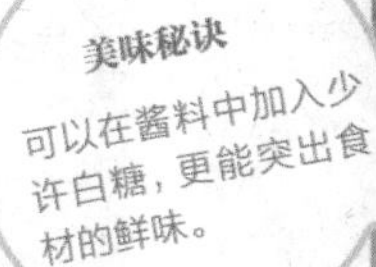

美味秘诀
可以在酱料中加入少许白糖，更能突出食材的鲜味。

凯撒沙拉

热量：416千卡

原料：

生菜……………………200克
熟香肠…………………50克
洋葱……………………50克
面包片…………………50克
西红柿…………………适量
阿里根努香草…………适量
黑橄榄…………………适量

调料：

芥末沙拉酱……………适量
食用油…………………适量

做法：

1.洋葱清洗干净，切成洋葱圈；西红柿洗净，对半切开，再切成小块；黑橄榄切圈。

2.准备好的熟香肠切成均匀的片状。

3.生菜清洗干净，装入备好的盘中。

4.将面包片取出，切成丁，入烧热的油锅稍微炸一下。

5.炸好的面包片捞出，沥干油，倒入盘中。

6.将西红柿块、面包丁、洋葱圈、阿里根努香草、香肠片、黑橄榄圈一起倒入盘中。

7.调入芥末沙拉酱，搅拌均匀即可。

生菜面包早餐沙拉

热量：311千卡

原料：

全麦面包……………90克
生菜……………100克
白菜……………50克
奶酪……………20克

调料：

盐……………适量

做法：

1.生菜、白菜均洗净，撕成大片。
2.全麦面包切小块。
3.奶酪用工具擦成丝状。
4.将处理好的全麦面包、生菜、白菜、奶酪放入盘中，撒上少许盐，拌匀即可食用。

蔬果面包早餐沙拉

热量：112千卡

原料：

生菜……150克
紫甘蓝……30克
全麦面包……30克
圣女果……25克
胡萝卜……10克
黄油……适量
干香葱……适量

调料：

盐……适量

做法：

1.准备好的全麦面包切块。
2.紫甘蓝洗净，切丝；生菜洗净，撕成片。
3.胡萝卜洗净，切丝；圣女果洗净。
4.取平底锅，放入黄油，缓慢加热至溶化。
5.放上全麦面包，撒上盐、干香葱，煎至面包变黄，取出。
6.取一盘，放入处理好的蔬果和面包。
7.撒上适量的盐，搅拌均匀即可食用。

荞麦面包沙拉

热量：407千卡

原料：

荞麦面包……………100克
黄瓜……………………50克
生菜……………………50克
熟玉米笋………………2根
西红柿…………………少许
柠檬……………………少许
黑芝麻…………………少许

调料：

柠檬汁…………………适量
白糖……………………适量
醋………………………适量

做法：

1.黄瓜洗净，切片；西红柿洗净，切片。

2.柠檬洗净，切片；荞麦面包切块。

3.生菜择洗干净，取一碗，铺在碗底，再将所有食材放入碗里。

4.加入柠檬汁、白糖和醋，撒上黑芝麻，拌匀即可。

蔬果螺旋粉沙拉

热量：387千卡

原料：

螺旋粉……70克
圣女果……80克
西蓝花……100克
花菜……50克
果冻块……50克
黑橄榄……30克
奶酪……适量

调料：

盐……适量
橄榄油……适量

做法：

1.把洗净的圣女果、西蓝花、花菜、黑橄榄均切成小块。

2.锅中注水烧开，倒入西蓝花、花菜。

3.将西蓝花、花菜煮约1分钟至熟，捞出，沥干备用。

4.倒入螺旋粉煮约1分钟至熟，捞出备用。

5.把螺旋粉、圣女果、西蓝花、花菜、果冻块、黑橄榄、奶酪装入干净的玻璃碗中。

6.玻璃碗中加入盐、橄榄油，搅拌均匀，装入盘中即可。

柠香通心粉沙拉

热量：253千卡

原料：

通心粉……50克
青柠檬……100克
四季豆……20克
三文鱼……20克
香菜……少许
香葱……少许

调料：

橄榄油……适量
盐……适量

做法：

1.青柠檬洗净外皮，切成小块；三文鱼洗净，切成丁。
2.备好的香菜、香葱、四季豆洗净。
3.锅中注入适量清水烧开，放入通心粉、橄榄油、盐。
4.煮至通心粉熟透，捞出，沥干待用。
5..另起锅，注入适量清水烧开。
6.倒入四季豆、盐、橄榄油，煮至四季豆熟透，捞出，沥干待用。
7.将所有食材倒入盘中，撒上适量的盐，搅拌均匀即可食用。

Part 4

低卡沙拉，轻盈你的身心

低卡沙拉因其美味、营养、低卡的特色，成为了减肥瘦身人群的首选美食。本章选的沙拉均为低卡的美味沙拉，每天一种不重样，让你的身心都轻盈起来。

综合沙拉

热量：124千卡

原料：

西红柿……120克

黄瓜……130克

生菜……100克

调料：

柠檬汁……20毫升

蜂蜜……5克

白醋……5毫升

椰子油……5毫升

做法：

1.洗净的黄瓜削皮，切片；洗好的西红柿去蒂，切丁；洗净的生菜切去根部，切块。

2.取大碗，放入生菜、西红柿、黄瓜，拌匀，装盘。

3.取小碗，倒入椰子油、柠檬汁、白醋、蜂蜜，搅拌均匀，制成法式沙拉酱。

4.将法式沙拉酱装入一个方便倒取的小碗中，淋在蔬菜上即可。

胡萝卜苤蓝沙拉

热量：112千卡

原料：

胡萝卜……60克

苤蓝……100克

葱花……少许

松子……少许

调料：

橄榄油……5毫升

盐……2克

白糖……2克

醋……适量

做法：

1.胡萝卜、苤蓝均洗净，去皮，切成丝。

2.松子去壳，将松仁取出，炒香。

3.锅内注清水烧开，将胡萝卜丝和苤蓝丝焯水。

4.将胡萝卜丝和苤蓝丝装入碗中，撒入少许葱花和松子。

5.加入适量盐、白糖、醋、橄榄油，拌匀即可。

甜椒花菜沙拉

热量：125千卡

原料：

红甜椒……………………30克
黄甜椒……………………30克
花菜……………………15克
圣女果……………………15克
鹰嘴豆……………………15克
黄瓜……………………15克
生菜……………………15克

调料：

橄榄油……………………适量
柠檬汁……………………适量
白糖……………………少许
盐……………………少许

做法：

1.红、黄甜椒均洗净切块；花菜洗净，择成小朵；圣女果洗净切半；鹰嘴豆、生菜均洗净；黄瓜洗净切块。

2.花菜、鹰嘴豆分别入沸水中焯熟。

3.将生菜叶紧贴杯壁，放入剩余食材。

4.取一小碟，加入橄榄油、柠檬汁、盐、白糖，拌匀，调成料汁，将调好的料汁淋在沙拉上即可。

南瓜花菜沙拉

热量：179千卡

原料：

南瓜……100克
花菜……80克
南瓜子仁……15克
薄荷叶……5克

调料：

盐……适量
醋……适量
橄榄油……适量
沙拉酱……适量

做法：

1.花菜洗净，掰成小朵；南瓜洗净，切成小块。
2.锅中注入适量清水，用大火烧开，倒入花菜，汆煮至熟，捞出沥干。
3.继续往沸水锅中倒入南瓜，汆煮至熟，捞出沥干。
4.将花菜和南瓜放入盘中，加入盐、橄榄油、醋，搅拌均匀。
5.拌匀的食材上撒上适量的南瓜子仁，用洗净的薄荷叶进行点缀。
6.食用时，再放入沙拉酱拌匀即可。

包菜紫甘蓝沙拉

热量：86千卡

原料：

紫甘蓝……70克

包菜……30克

洋葱……20克

莳萝……少许

调料：

橄榄油……5毫升

醋……适量

盐……适量

白糖……适量

做法：

1.紫甘蓝洗净，切丝；包菜择洗干净后切丝；莳萝洗净，沥干水分。

2.洋葱洗净，切圈，然后放入沸水锅中焯熟。

3.将上述食材摆入盘中。

4.淋入橄榄油和醋，撒入盐、白糖，搅拌均匀即可。

包菜萝卜沙拉

热量：117千卡

原料：

西红柿……………………15克
紫甘蓝……………………10克
生菜………………………10克
胡萝卜……………………10克
樱桃萝卜…………………10克
玉米粒……………………10克
橄榄………………………20克
芝麻菜……………………10克

调料：

橄榄油…………………5毫升
盐…………………………适量
白糖………………………适量
醋…………………………适量

做法：

1.将西红柿清洗干净，切成均匀的瓣。
2.胡萝卜洗净，先切条，再改切丝。
3.紫甘蓝、生菜、芝麻菜均洗净撕块。
4.樱桃萝卜洗净切块；橄榄洗净去核。
5.锅中注入适量清水烧开，放入玉米粒汆煮至熟，捞出，沥干。
6.取一盘，放入所有原料。
7.加入橄榄油、盐、白糖和醋，拌匀即可。

菠菜柑橘沙拉

热量：164千卡

原料：

菠菜……100克

柑橘……90克

香瓜……70克

酸奶……15克

调料：

沙拉酱……10克

做法：

1.洗净去皮的香瓜切成小块，待用。

2.择洗好的菠菜切成均匀的小段。

3.锅中注入适量的清水，大火烧开。

4.倒入菠菜搅匀，汆煮片刻至断生。

5.将菠菜捞出，放入凉水中放凉，捞出沥干水分，装入碗中。

6.将香瓜块倒入装有菠菜的碗中，搅拌片刻。

7.取一个盘子，摆放好柑橘。

8.倒入拌好的香瓜、菠菜。

9.倒入备好的酸奶。

10.挤上适量的沙拉酱即可食用。

橙子甜菜根沙拉

热量：194千卡

原料：

橙子……60克

甜菜根……60克

莴笋叶……10克

葱……10克

调料：

橄榄油……5克

蛋黄酱……10克

盐……适量

油醋汁……适量

做法：

1.莴笋叶、葱均洗净，切末；橙子去皮，切薄片。

2.甜菜根洗净去皮，切薄片，入锅中煮熟，捞出。

3.将橙子、甜菜根、莴笋叶均放入碗中，加盐、油醋汁、橄榄油拌匀，撒上葱末。

4.在食用时适量添加蛋黄酱。

甜菜根豌豆沙拉

热量：190千卡

原料：

甜菜根……50克

胡萝卜……50克

白萝卜……50克

小葱……50克

豌豆……20克

调料：

橄榄油……5毫升

柠檬汁……适量

盐……适量

白糖……适量

醋……适量

做法：

1.甜菜根去皮，切丁；胡萝卜洗净，切丁；白萝卜洗净，切丁；小葱洗净，切丁。

2.豌豆洗净，放入锅中，炒熟。

3.取一玻璃碗，放入甜菜根丁、白萝卜丁、胡萝卜丁、豌豆。

4.取一小碟，加入橄榄油、柠檬汁、盐、白糖和醋，拌匀，调成料汁。

5.将料汁倒入食材里，撒上葱花拌匀，饰以小葱即可。

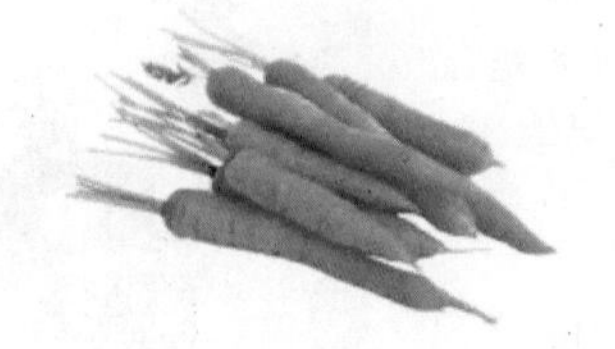

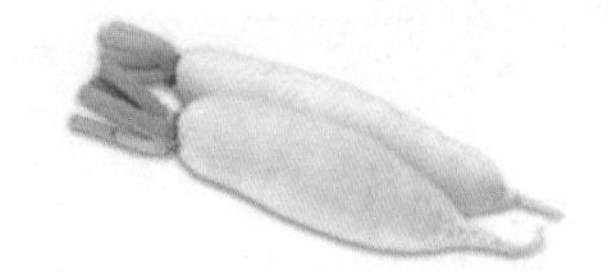

黄瓜甜菜根沙拉

热量：130千卡

原料：

甜菜根……80克
樱桃萝卜……60克
黄瓜……50克
洋葱……10克
上海青……10克
肉桂粉……少许

调料：

色拉油……适量
醋……适量
盐……1克
胡椒粉……少许

做法：

1.甜菜根洗净，削去外皮，切成大小均匀的片状。
2.锅中注入适量清水，用大火烧开，倒入甜菜根汆煮至熟，捞出，沥干。
3.樱桃萝卜洗净，切薄片；黄瓜洗净，切片。
4.洋葱洗净，切丝；上海青择洗干净。
5.将上述食材依次摆入盘中。
6.取一小碗，倒入色拉油、醋、盐、胡椒粉、肉桂粉，拌匀。
7.待食用时，将调好的汁淋在食材上即可。

胡萝卜豌豆沙拉

热量：145千卡

原料：

胡萝卜 ………………………… 100克

豌豆 ………………………… 20克

调料：

橄榄油 ………………………… 5毫升

盐 ………………………… 适量

醋 ………………………… 适量

做法：

1.胡萝卜用清水冲洗干净，切成片，备用。

2.豌豆洗净，备用。

3.锅中注水烧热，加入少许食用油，放入切好的胡萝卜焯煮至熟，捞出，再倒入豌豆煮熟，捞出。

4.将食材装入碗里，加入橄榄油、盐和醋，拌匀即可。

香芹红椒沙拉

热量：200千卡

原料：
香芹叶……………………40克
紫苏………………………40克
菠菜叶……………………40克
香葱………………………15克
红椒………………………15克

调料：
沙拉酱……………………5克
橄榄油…………………5毫升
盐…………………………适量
油醋汁……………………适量

做法：
1.香芹叶洗净；紫苏洗净，备用。
2.红椒洗净切圈；香葱洗净，取葱白切碎。
3.菠菜叶洗净，备用。
4.将上述食材装碗，加入橄榄油、盐、油醋汁、沙拉酱拌匀即可。

小菘菜沙拉

热量：75千卡

原料：

小菘菜……………………120克
黄瓜……………………30克
西红柿……………………30克
紫天葵……………………20克
醋草……………………适量
紫色欧洲菊苣……………………适量

调料：

橄榄油……………………5毫升
醋……………………适量
盐……………………适量
白糖……………………适量

做法：

1.小菘菜、紫天葵、醋草均洗净，沥干。

2.黄瓜洗净，切小块；西红柿洗净，切块；紫色欧洲菊苣洗净切碎。

3.将上述食材均摆入碗中。

4.取一小碟，加入橄榄油、醋、盐、白糖，拌匀，调成料汁，淋在沙拉上即可。

圣女果绿叶沙拉

热量：62千卡

原料：

彩色圣女果…………200克

莴笋叶………………80克

薄荷叶………………少许

小棠菜………………少许

香葱碎………………适量

调料：

盐……………………适量

做法：

1.将各色圣女果洗净，切成小瓣；莴笋叶、薄荷叶、小棠菜均洗净，沥干水分。

2.把圣女果、莴笋叶、小棠菜放入碗中，撒上适量盐搅拌均匀。

3.点缀上适量薄荷叶，撒上香葱碎即可。

时蔬沙拉

热量：85千卡

原料：

奶酪……10克
樱桃萝卜……80克
黄瓜……60克
茴香菜……少许
香菜……少许
莳萝末……少许
香芹碎……少许

调料：

沙拉酱……5克
醋……适量
胡椒碎……少许

做法：

1.奶酪切块；樱桃萝卜切丁。
2.黄瓜洗净切条；茴香菜、香菜均洗净。
3.将奶酪、樱桃萝卜、黄瓜放在方形玻璃碗中。
4.取一玻璃碗，倒入沙拉酱、醋。
5.再加入莳萝末、香芹碎、胡椒碎，搅拌均匀。
6.将调好的酱倒在食材上，搅匀。
7.再将洗净的茴香菜、香菜插在沙拉上作为装饰。

薄片沙拉

热量：67千卡

原料：

黄瓜……30克
樱桃萝卜……40克
胡萝卜……35克
蒜末……适量

调料：

色拉油……5毫升
醋……适量
白糖……适量
盐……适量

做法：

1.黄瓜洗净，用刨刀刨成薄片；胡萝卜洗净，也用刨刀刨成薄片；樱桃萝卜洗净，切成片。

2.将已经切好的黄瓜、胡萝卜、樱桃萝卜放入盘中。

3.倒入备好的色拉油、醋、蒜末、白糖、盐，拌匀即可。

芹香绿果沙拉

热量：130千卡

原料：

西芹……60克

猕猴桃……70克

苹果……50克

白芝麻……3克

调料：

沙拉酱……少许

做法：

1.洗好的西芹切段；苹果切块；猕猴桃切片。

2.锅中注水烧开，倒入西芹，搅匀，焯煮片刻至断生。

3.将汆好水的西芹捞出，沥干水分，放入凉水中冷却。

4.西芹捞出放入碗中，放入苹果，搅匀待用。

5.取盘，摆放好猕猴桃，倒入拌好的食材，挤上沙拉酱，撒上白芝麻即可。

美味秘诀

白芝麻可以干炒一下，味道会更香。

缤纷酸奶水果沙拉

热量：220千卡

原料：

哈密瓜……100克

火龙果……100克

苹果……100克

圣女果……50克

酸奶……100克

调料：

蜂蜜……15克

柠檬汁……15毫升

做法：

1.洗净去皮的哈密瓜、火龙果、苹果均切成小块；洗净的圣女果对半切开。

2.备好一个碗，将切好的水果整齐地码入盘中。

3.用保鲜膜将果盘包好，放入冰箱冷藏20分钟。

4.备一个小碗，放入酸奶、蜂蜜、柠檬汁，搅匀。

5.待20分钟后，将水果取出，去除保鲜膜。

6.将调好的酸奶酱浇在水果上，即可食用。

四素沙拉

热量：95千卡

原料：

西红柿……200克
甜菜根……15克
芝麻菜……15克
豆瓣菜嫩苗……15克
莳萝末……少许
意大利乳清奶酪……适量

调料：

色拉油……适量
盐……少许
白糖……少许

做法：

1.西红柿洗净，将上部切去，掏尽瓤肉；芝麻菜、豆瓣菜嫩苗用清水洗净。

2.甜菜根洗净，削皮，切短条。

3.锅中注入适量清水烧开，倒入甜菜根汆煮至熟，捞出，沥干待用。

4.将芝麻菜铺在盘中，倒入色拉油、盐拌匀，再将西红柿放在芝麻菜上，往西红柿里放入适量甜菜根。

5.取一小碟，倒入意大利乳清奶酪，加少许白糖、莳萝末拌匀，舀入西红柿内，饰以西洋菜嫩苗即可。

什菜沙拉

热量：139千卡

原料：

洋葱……………………50克

西芹……………………50克

青椒……………………50克

红椒……………………50克

苦菊……………………适量

紫叶生菜………………适量

圣女果…………………适量

玉米笋…………………适量

黄瓜……………………适量

调料：

沙拉油………………10毫升

胡椒粉…………………少许

盐………………………少许

做法：

1.紫叶生菜洗净沥水，铺在准备好的碟中。

2.将洋葱、西芹、青椒、红椒、苦菊、圣女果、玉米笋洗净。

3.洋葱切圈；西芹切段；青椒、红椒、黄瓜切条；圣女果对半切开。

4.处理好的食材除了圣女果全部装入备好的盘子中。

5..将调味料放在一起搅拌成沙拉汁。

6.将搅拌好的沙拉汁倒入装原材料的盘中。

7.加圣女果装饰即可。

营养蔬果沙拉

热量：138千卡

原料：

莴笋……………………………………120克

橘子……………………………………50克

小黄瓜…………………………………50克

百香果…………………………………20克

紫甘蓝…………………………………15克

红甜椒…………………………………15克

酸奶……………………………………50克

做法：

1.莴笋洗净，撕成片；小黄瓜洗净，切片；紫甘蓝和红甜椒洗净，切丝；橘子切小块。

2.百香果洗净，对半剖开，挖出果肉，将酸奶加入百香果调匀，制成百香果酸奶酱。

3.将莴笋片、橘子块、小黄瓜片、紫甘蓝丝、红甜椒丝、百香果酸奶酱放入盘中拌匀即可。

甜橙洋葱沙拉

热量：113千卡

原料：

甜橙……80克

洋葱……50克

薄荷叶……少许

茴香叶……少许

调料：

盐……适量

白糖……适量

黑胡椒碎……适量

橄榄油……适量

做法：

1.薄荷叶、茴香叶均洗净；甜橙去皮，取果肉，切片；洋葱去皮洗净，切丝，焯水至断生，捞出待用。

2.将洋葱、甜橙、薄荷叶、茴香叶装入容器中，加盐、白糖、黑胡椒碎、橄榄油，拌匀即可。

酸甜西红柿沙拉

热量：95千卡

原料：

西红柿……………………80克

罗勒叶……………………5克

调料：

橄榄油……………………适量

白糖………………………适量

白醋………………………适量

生抽………………………少许

做法：

1.西红柿洗净，切片；罗勒叶洗净。

2.将切好的西红柿片放入盘中，排成一排，备用。

3.取一小碟，将橄榄油、生抽、白糖、白醋拌匀成汁。

4.将调好的汁淋在西红柿片上，并在头尾处饰以罗勒叶即可。

西红柿玉米沙拉

热量：87千卡

原料：

西红柿……1个
奎藜籽……10克
玉米粒……5克
胡萝卜粒……5克
熟豌豆……5克
罗勒叶……适量

调料：

橄榄油……5毫升
盐……适量
醋……适量

做法：

1.西红柿洗净，切去顶部，挖空；奎藜籽洗净，放入热水中煮软，捞出，沥干水分；玉米粒焯熟。

2.将所有食材放入西红柿壳里，加入橄榄油、盐和醋，拌匀。

3.将罗勒叶摆成花瓣形作装饰，将西红柿放在上面即可。

哈密瓜梨沙拉

热量：144千卡

原料：

青苹果……………………60克

哈密瓜……………………60克

梨…………………………50克

薄荷叶……………………5克

调料：

细砂糖……………………适量

苹果醋……………………适量

沙拉酱……………………10克

做法：

1.青苹果洗净，去皮、核，切丁。

2.哈密瓜去皮、籽，切丁。

3.梨洗净，去皮、核，切丁。

4.将处理好的青苹果、哈密瓜、梨一起放入盘中。

5.撒上少许细砂糖，淋入适量的苹果醋，搅拌均匀。

6.用洗净的薄荷叶点缀，食用时加沙拉酱即可。

双瓜沙拉

热量：119千卡

原料：

去皮木瓜……120克

去皮黄瓜……100克

罗勒叶……少许

调料：

沙拉酱……10克

做法：

1.洗净的黄瓜切粗条，改切成丁。

2.洗好的木瓜去籽，切成条，改切成丁。

3.取一碗，倒入黄瓜、木瓜，挤上沙拉酱。

4.用筷子搅拌均匀。

5.将制好的沙拉倒入盘中，放上罗勒叶作装饰即可。

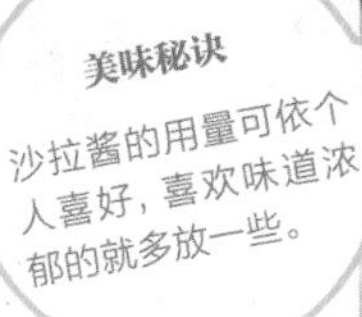

美味秘诀

沙拉酱的用量可依个人喜好，喜欢味道浓郁的就多放一些。

猕猴桃柠檬沙拉

热量：158千卡

原料：

草莓……60克

猕猴桃……60克

柠檬……20克

薄荷叶……5克

调料：

醋……5克

蜂蜜……8克

沙拉酱……10克

做法：

1.草莓去蒂，洗净，切瓣。

2.猕猴桃去皮洗净，切片。

3.柠檬洗净，切小片。

4.薄荷叶洗净，摘成小片。

5.将草莓、猕猴桃、柠檬、薄荷叶一同放入碗中。

6.淋入适量醋，浇上蜂蜜。

7.食用时加沙拉酱即可。

草莓提子沙拉

热量：195千卡

原料：

草莓……60克

杨桃……60克

梨……60克

青提……40克

紫提……40克

调料：

沙拉酱……10克

白糖……适量

苹果醋……适量

鸡尾酒……适量

做法：

1.梨去皮洗净，去核，切小块。

2.草莓去蒂，洗净，切小块。

3.猕猴桃去皮洗净，切小块。

4.杨桃切片；青提、紫提均洗净。

5.将梨、草莓、猕猴桃、石榴、提子一起放入碗中，加白糖、苹果醋，调入鸡尾酒拌匀，食用时加沙拉酱即可。

草莓香蕉猕猴桃沙拉

热量：129千卡

原料：

香蕉……………………50克

草莓……………………50克

猕猴桃…………………50克

调料：

苹果醋…………………15克

沙拉酱…………………5克

做法：

1.香蕉去皮切小段；猕猴桃去皮切小块。

2.草莓用清水洗净，切成块。

3.将香蕉、猕猴桃、草莓装入玻璃杯中，淋入苹果醋，食用时添加沙拉酱即可。

甜橘沙拉

热量：95千卡

原料：

橘子……30克
樱桃萝卜……20克
西红柿……10克
蓝莓……10克
荷兰芹……少许
黄瓜……少许

调料：

橄榄油……5毫升
盐……适量
白糖……适量
醋……适量

做法：

1.橘子洗净，切片；樱桃萝卜洗净，切片；西红柿洗净，切片；黄瓜洗净，切片；蓝莓洗净。
2.取一盘，放入以上所有食材。
3.取一小碟，加入橄榄油、盐、白糖和醋，拌匀，调成料汁。
4.将料汁淋入食材后拌匀，装入盘中，装饰上荷兰芹即可。

苹果杧果沙拉

热量：120千卡

原料：

苹果 ······ 50克

杧果 ······ 50克

芝麻菜 ······ 10克

奶酪 ······ 10克

调料：

橄榄油 ······ 5毫升

盐 ······ 适量

做法：

1.将苹果洗净，去核，切片；杧果洗净，去核切块；芝麻菜洗净，沥干水分。

2.取一盘，放入以上所有食材。

3.加入少许橄榄油、盐。

4.倒入适量奶酪，拌匀即可。

西瓜沙拉

热量：90千卡

原料：

西瓜……100克

奶酪碎……5克

西瓜叶……少许

调料：

橄榄油……5毫升

盐……适量

白糖……适量

醋……适量

做法：

1.西瓜用清水洗净，去除皮，切成小块，备用。

2.取一洗净的盘，放入切好的西瓜块和洗净切好的西瓜叶。

3.取一小碟，加入橄榄油、盐，调入少许白糖和醋拌匀，调成料汁。

4.盘中撒上奶酪碎，食用时配上调好的料汁即可。

Part 5

点心沙拉，愉悦你的时光

阳光明媚的午后，一份沙拉，一杯茶饮，便是极其愉悦的享受。作为点心的沙拉，不仅可以为你补充一天所需的维生素和矿物质，还能充分满足你的口腹。

甜橘猕猴桃沙拉

热量：133千卡

原料：

橘子 …… 30克
猕猴桃 …… 40克
马蹄 …… 20克
柠檬 …… 40克
薄荷叶 …… 少许

调料：

沙拉酱 …… 10克

做法：

1.橘子洗净，去皮，去掉白茎。
2.猕猴桃洗净，去皮，切块。
3.马蹄洗净，去皮，切片。
4.柠檬洗净，去皮，切片。
5.取玻璃碗，放入以上所有食材。
6.将沙拉酱淋入食材里拌匀，饰以薄荷叶即可。

橘子香蕉火龙果沙拉

热量：506千卡

原料：

去皮香蕉……200克

去皮火龙果……200克

橘子瓣……80克

石榴籽……40克

柠檬……15克

去皮梨子……100克

去皮苹果……80克

调料：

沙拉酱……10克

做法：

1.香蕉切丁；火龙果切块；苹果切块；梨子去皮切块；取部分柠檬，切片。

2.取一碗，放入梨子、苹果、香蕉、火龙果、石榴籽。

3.挤入柠檬汁，用筷子搅拌均匀。

4.取一盘，摆放上橘子瓣、柠檬片。

5.倒入拌好的水果，挤上沙拉酱即可。

酸奶蜜橘沙拉

热量：174千卡

原料：

蜜橘 ………………………50克

核桃 ………………………15克

酸奶 ………………………80克

做法：

1.蜜橘洗净，剥去外皮，再把瓤剥成小瓣，备用。

2.核桃去壳，取核桃肉，掰成小块，备用。

3.将处理好的部分蜜橘、核桃肉放入玻璃碗中，浇上酸奶。

4.再放上剩余的蜜橘、核桃肉，食用时拌匀即可。

鲜果橘子沙拉

热量：145千卡

原料：

橘子壳……2个
猕猴桃……20克
石榴籽……20克
草莓……20克
葡萄柚……20克
黑加仑……20克
青提……20克
薄荷叶……适量

调料：

白糖……5克
沙拉酱……10克
柠檬汁……适量
苹果醋……适量

做法：

1.猕猴桃洗净切片；草莓切块；青提洗净；葡萄柚取果肉；黑加仑切圈。

2.将所有水果装碗，淋入柠檬汁、苹果醋，加白糖拌匀。

3.将拌好的水果放入橘子壳，用薄荷叶点缀，食用时添加沙拉酱即可。

牛油果葡萄柚沙拉

热量：252千卡

原料：

牛油果……120克

葡萄柚……50克

洋葱……10克

青菜……10克

调料：

油醋汁……适量

盐……适量

沙拉酱……5克

做法：

1.牛油果洗净去皮，对半切开，去核，将一半的牛油果摆入盘中。

2.葡萄柚去皮，取果肉，掰成小块。

3.洋葱洗净，切成小粒。

4.将切成粒的洋葱放入加盐的沸水中焯至熟，捞出，沥干水分。

5.将葡萄柚、洋葱摆在牛油果上，淋上油醋汁，用洗净的青菜点缀。

6.食用时加入适量沙拉酱即可。

牛油果火腿沙拉

热量：496千卡

原料：

牛油果……………………170克

火腿…………………………40克

罗勒叶……………………适量

调料：

橄榄油……………………适量

食用油……………………适量

盐…………………………适量

做法：

1.牛油果用清水冲洗干净，削去果皮，用刀把果肉一分为二，轻轻扭动两块果肉，去除果核。

2.将牛油果的果肉切成均匀的小瓣。

3.准备好的火腿剥去外皮，切成丁块。

4.热锅注油，将火腿煎至表面微黄，出锅。

5.备好的罗勒叶洗净，切碎，备用。

6.将切好的牛油果摆入盘中，放上火腿丁和罗勒碎，淋入橄榄油，撒上盐即可食用。

牛油果沙拉

热量：625千卡

原料：

牛油果……………………300克

西红柿……………………65克

柠檬………………………60克

青椒………………………35克

红椒………………………40克

洋葱………………………40克

蒜末………………………少许

调料：

黑胡椒……………………2克

橄榄油……………………适量

盐…………………………适量

做法：

1.洗净的青椒、红椒切开，去籽，切成条，再切丁。

2.洗好的洋葱切成块。

3.洗净的西红柿切片，切条，改切丁。

4.洗净的牛油果对半切开，去核，挖出瓤，留取牛油果盅备用，将瓤切碎。

5.取一个碗，放入洋葱、牛油果、西红柿，再放入青椒、红椒、蒜末。

6.加入盐、黑胡椒、橄榄油，搅拌均匀。

7.将拌好的沙拉装入牛油果盅中。

8.挤上少许柠檬汁即可。

牛油果蛋黄酱沙拉

热量：382千卡

原料：

牛油果 ····················100克

调料：

蛋黄酱 ······················30克

细砂糖 ······················10克

做法：

1.牛油果用清水冲洗干净，削去果皮，用刀把果肉一分为二，轻轻扭动两块果肉，去除果核。

2.再把牛油果果肉切成片状，码入碗中。

3.在碗中撒上少许细砂糖，再静置10分钟。

4.根据自己的口味，淋上适量的蛋黄酱即可食用。

草莓香蕉沙拉

热量：89千卡

原料：

草莓……60克

香蕉……60克

薄荷叶……少许

调料：

蜂蜜……适量

淡盐水……适量

做法：

1.草莓用清水冲洗干净，再用淡盐水浸泡片刻，去蒂，切成片。

2.香蕉去皮，切厚片。

3.将香蕉、草莓用竹签穿起来。

4.浇上适量蜂蜜，点缀洗净的薄荷叶即可。

苹果草莓沙拉

热量：162千卡

原料：

苹果……30克

猕猴桃……30克

草莓……30克

西红柿……30克

木瓜……30克

葡萄干……10克

酸奶……100克

做法：

1.苹果切块；猕猴桃切块；西红柿切块；部分草莓切块；木瓜切块。

2.将另一小部分草莓切小丁，与酸奶拌匀。

3.将苹果、猕猴桃、草莓、西红柿、葡萄干、木瓜一起放入杯中，加入拌好的酸奶和草莓拌匀即可。

草莓奶酪沙拉

热量：283千卡

原料：

草莓 ··························50克

奶酪 ··························50克

调料：

蜂蜜 ··························10克

沙拉酱 ······················10克

做法：

1.取出备好的草莓，用适量的清水将草莓洗净，捞出，沥干水分，放入碗中，备用。

2.取出奶酪，将奶酪切成合适的大小，装入碗中，再放入洗净的草莓。

3.食用时，加入适量的沙拉酱、蜂蜜即可。

青红酸奶沙拉

热量：115千卡

原料：

草莓……………………50克
青提……………………50克
苹果……………………50克
西瓜……………………50克
哈密瓜…………………50克
薄荷叶……………………5克
酸奶……………………30克

调料：

苹果醋…………………适量

做法：

1.草莓洗净，去蒂，对半切开；哈密瓜、西瓜均去皮，切块；苹果洗净，去核，切块；青提洗净。

2.将草莓、哈密瓜、西瓜、苹果、青提一同放入碗中。

3.加入洗净的薄荷叶，放入苹果醋，搅拌匀，浇上酸奶即可。

罗勒香橙沙拉

热量：167千卡

原料：

香橙……100克

罗勒叶……20克

洋葱……30克

白芝麻……10克

调料：

盐……3克

白糖……2克

白醋……适量

橄榄油……5毫升

做法：

1.罗勒叶洗净，控干水分；洋葱洗净，切丝；香橙去皮，切片。

2.将罗勒叶、香橙片、洋葱丝放在盘中，加盐、白糖、白醋、橄榄油，搅拌均匀。

3.均匀地撒上白芝麻即可。

无花果蓝莓沙拉

热量：274千卡

原料：

无花果 ······ 80克

苹果 ······ 60克

蓝莓 ······ 50克

奶酪 ······ 20克

核桃仁 ······ 10克

生菜 ······ 10克

调料：

沙拉酱 ······ 5克

做法：

1.无花果洗净，切块。

2.生菜洗净，垫入杯中。

3.蓝莓洗净。

4.苹果洗净，切块。

5.将蓝莓、无花果、核桃仁、苹果、奶酪拌匀，装入杯中。

6.食用时，淋上沙拉酱即可。

芝麻菜鲜梨沙拉

热量：252千卡

原料：

梨 ……………………………………120克

芝麻菜 ………………………………30克

调料：

橄榄油 ……………………………10毫升

沙拉酱 ………………………………15克

醋 ……………………………………适量

做法：

1.梨放在水盆中洗净，去掉果皮，果肉切小块。

2.芝麻菜洗净，切段。

3.梨、芝麻菜装入碗中，加醋、橄榄油拌匀。

4.食用时，依据个人口味适量添加沙拉酱即可。

橙盅酸奶水果沙拉

热量：115千卡

原料：

橙子……………………1个

猕猴桃肉……………35克

圣女果………………50克

酸奶…………………30克

做法：

1.猕猴桃肉切小块；圣女果对半切开。

2.橙子去头尾，用雕刻刀从中间分成两半。

3.取出果肉，制成橙盅，再把果肉改切成小块，待用。

4.取碗，倒入圣女果、橙子肉块、猕猴桃肉，搅拌均匀。

5.取盘，摆放橙盅，盛入拌好的材料，浇上酸奶即可。

橙香果仁菠菜沙拉

热量：360千卡

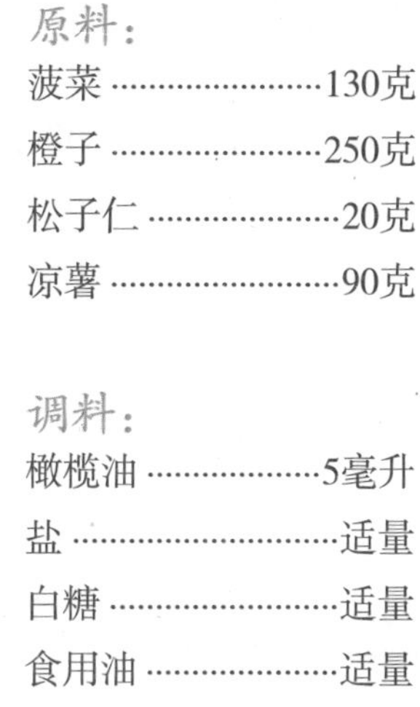

原料：

菠菜……130克
橙子……250克
松子仁……20克
凉薯……90克

调料：

橄榄油……5毫升
盐……适量
白糖……适量
食用油……适量

做法：

1.洗净去皮的凉薯切碎；菠菜切碎；橙子切厚片。
2.取一个盘子，摆上橙子待用。
3.锅中注入适量的清水，大火烧开，倒入凉薯、菠菜，焯煮至断生。
4.将食材捞出放入凉水中，再捞出沥干水分。
5.热锅注油，倒入松子仁，翻炒片刻，炒出香味，将其盛出装入盘中。
6.将放凉的食材装入碗中，倒入松子仁，加入盐、白糖、橄榄油，搅拌匀。
7.将橙子片摆入盘中，放入拌好的材料即可。

猕猴桃葡萄柚沙拉

热量：234千卡

原料：

猕猴桃 ………………………… 30克
香蕉 ………………………… 30克
柑橘 ………………………… 40克
柠檬 ………………………… 20克
葡萄柚 ………………………… 50克

调料：

沙拉酱 ………………………… 20克

做法：

1.猕猴桃洗净切片；香蕉切片；葡萄柚切三角形。

2.柑橘剥皮，撕掉白茎；柠檬洗净，切片。

3.将以上所有食材装入玻璃碗里。

4.食用前将沙拉酱倒入碗中，拌匀后即可食用。

双桃杧果沙拉

热量：120千卡

原料：

杨桃 ……………………40克

杧果 ……………………40克

猕猴桃 …………………40克

核桃仁 …………………10克

葡萄柚 …………………10克

酸奶 ……………………10克

调料：

苹果醋 …………………适量

做法：

1.杧果去皮，切片；猕猴桃去皮，切片；杨桃洗净，切片；葡萄柚洗净，取果肉。

2.将葡萄柚、杨桃、猕猴桃、杧果、核桃仁一起放入碗中。

3.淋上适量的苹果醋，浇上酸奶即可食用。

缤纷蜜柚沙拉

热量：588千卡

原料：

柚子肉……80克
去皮苹果……80克
枸杞……3克
红枣……15克
熟花生米……15克
猕猴桃……40克
葡萄干……20克
酸奶……20克
杏仁……15克
熟黑芝麻……15克

调料：

白醋……5毫升
橄榄油……10毫升
蜂蜜……5克

做法：

1.苹果去核，切成块；猕猴桃去皮，切片；红枣切开，去核。

2.取一碗，倒入柚子肉、苹果、红枣、葡萄干、花生米、杏仁、枸杞、熟黑芝麻。

3.加入白醋、橄榄油、蜂蜜，搅拌均匀。

4.将猕猴桃片摆放在盘子中，倒入拌好的水果，浇上酸奶即可。

青苹果西红柿沙拉

热量：108千卡

原料：

青苹果……………………50克

西红柿……………………50克

甜瓜………………………50克

芝麻菜……………………适量

调料：

蛋黄酱……………………10克

做法：

1.青苹果洗净，用刀切长条。

2.西红柿洗净，用刀切长条。

3.甜瓜洗净，削去皮，用刀切成小块。

4.芝麻菜洗净，沥干水分，备用。

5.切好的青苹果、西红柿、甜瓜摆入盘中。

6.拌入适量的蛋黄酱，然后再在沙拉上饰以芝麻菜即可。

无花果紫薯沙拉

热量：377千卡

原料：

无花果……………………………50克

紫薯……………………………50克

蛋挞皮……………………………2个

独行菜……………………………10克

调料：

沙拉酱……………………………20克

做法：

1.将无花果洗净，切成小瓣。

2.紫薯洗净去皮，切块，待用。

3.锅中注入适量清水，用大火烧开。

4.倒入切块的紫薯，氽煮至熟，捞出，沥干待用。

5.独行菜洗净，备用。

6.将无花果、紫薯、独行菜放入蛋挞皮中。

7.淋上适量沙拉酱即可。

西红柿蛋黄酱沙拉

热量：341千卡

原料：

西红柿……80克
大蒜……10克
芹菜叶……10克
椰浆……10毫升

调料：

盐……1克
蛋黄酱……50克

做法：

1.将西红柿洗净，将上部1/3切去，并将西红柿内的瓤肉挖干净。

2.大蒜去皮，洗净，切末；芹菜叶洗净，切碎。

3.取一小碗，倒入适量蛋黄酱，拌入大蒜末、芹菜叶碎。

4.再加少许椰浆、盐调匀。

5.将调好的酱用勺舀入西红柿内即可食用。

西瓜香蕉双桃沙拉

热量：1498千卡

原料：

西瓜……………………50克

香蕉……………………50克

猕猴桃…………………50克

黄桃……………………50克

调料：

蜂蜜……………………适量

沙拉酱…………………适量

做法：

1.西瓜取瓜瓤，切块。

2.猕猴桃去皮，切块。

3.香蕉去皮，切厚片。

4.黄桃洗净，去皮、核，切块。

5.将西瓜、猕猴桃、香蕉、黄桃放入碗中，淋入少许蜂蜜拌匀。

6.食用时，酌量添加沙拉酱即可。

西红柿苦菊沙拉

热量：439千卡

原料：

西红柿……………………100克
黄瓜……………………10克
奶酪……………………100克
苦菊……………………少许
罗勒叶……………………少许

调料：

橄榄油……………………10毫升
醋……………………适量
黑胡椒……………………适量

做法：

1.黄瓜洗净，切成薄片；西红柿洗净，切厚片。
3.奶酪切块。
4.苦菊和罗勒叶洗净，控干水分。
5.将切好的材料均匀摆入盘中。
6.淋上橄榄油和醋。
7.撒上黑胡椒即成。

奶香西红柿沙拉

热量：611千卡

原料：

西红柿……150克

奶酪……150克

罗勒叶……少许

调料：

橄榄油……10毫升

食醋……适量

黑胡椒粉……适量

做法：

1.西红柿洗净，切厚片；备好的奶酪切成厚片。

2.先将西红柿摆入盘中，再把奶酪片隔片均匀地插入西红柿片中，摆好。

3.在盘中撒黑胡椒粉，淋入橄榄油和食醋。

4.将罗勒叶摆在盘中央即可。

圣女果酸奶沙拉

热量：626千卡

原料：

圣女果……150克

橙子……200克

雪梨……180克

酸奶……90克

葡萄干……60克

调料：

山核桃油……10毫升

白糖……2克

做法：

1.圣女果对半切开；雪梨切块；橙子切片。

2.取一碗，倒入酸奶、白糖、山核桃油，拌匀成沙拉酱。

3.备一盘，四周均匀地摆上切好的橙子片。

4.放入切好的圣女果、雪梨。

5.浇上沙拉酱，撒上葡萄干即可。

蔬菜春卷沙拉

热量：253千卡

原料：

生菜……15克

红椒……10克

青椒……15克

面皮……30克

胡萝卜……20克

奶酪芝士……30克

调料：

橄榄油……5毫升

食醋……3毫升

盐……2克

做法：

1.洗净的生菜撕成块。

2.洗净的青椒切长条。

3.洗净的红椒斜刀切圈。

4.胡萝卜去皮洗净，切条，焯水。

5.奶酪芝士切成块。

6.将面皮切成条，卷成圆柱形，放入盘中。

7.将所有原料均匀放入面皮卷中，放入橄榄油、盐、食醋即成。

奶酪圣女果沙拉

热量：218千卡

原料：

圣女果 ……………100克

奶酪 ………………50克

罗勒叶 ……………5克

调料：

蜂蜜 ………………适量

做法：

1.圣女果用适量的清水洗净，切成块。

2.圣女果放入洗净的盘中。

3.取出备好的奶酪，将奶酪捏成圆形。

4.取盘，放上处理好的圣女果和奶酪。

5.放上洗净的罗勒叶，淋上蜂蜜即成。

甜橙猕猴桃沙拉

热量：404千卡

原料：

草莓……40克

香蕉……40克

猕猴桃……40克

甜橙……40克

青柠檬……40克

薄荷叶……40克

调料：

白糖……适量

苹果醋……适量

沙拉酱……适量

做法：

1.草莓洗净切半；香蕉去皮切片。

2.猕猴桃、青柠檬、甜橙均洗净，切片。

3.薄荷叶洗净，备用。

4.将草莓、香蕉、猕猴桃、薄荷叶、青柠檬、甜橙放入碗中，加白糖、苹果醋拌匀。

5.食用时，依据个人口味添加适量沙拉酱即可。

风味樱桃萝卜沙拉

热量：264千卡

原料：

全麦面包……2片

樱桃萝卜……100克

独行菜……适量

调料：

奶油酱……15克

做法：

1.樱桃萝卜用清水冲洗干净，切片，备用。

2.独行菜用清水冲洗干净，沥干水分，备用。

3.在全麦面包上抹上适量奶油酱。

4.然后在奶油酱上摆上樱桃萝卜。

5.最后在沙拉上饰以独行菜即可。

五彩鲜果沙拉

热量：128千卡

原料：

杧果 ………………………………… 40克
猕猴桃 ………………………………… 50克
香蕉 ………………………………… 40克
酸奶 ………………………………… 50克
圣女果 ………………………………… 30克
火龙果 ………………………………… 50克

调料：

沙拉酱 ………………………………… 少许

做法：

1.洗净的圣女果对半切开。
2.洗净去皮的猕猴桃切厚片，再切条切丁。
3.处理好的火龙果去皮切片，切条切丁。
4.去皮的香蕉切成丁块。
5.洗净去皮的杧果切丁。
6.取一个碟，将圣女果摆放好待用。
7.取一个碗，放入香蕉、杧果、火龙果，再放入猕猴桃，搅拌均匀。
8.将拌好的水果倒入碟子中，倒入少许酸奶，挤上沙拉酱调味即可。

夏日冰镇消暑沙拉

热量：200千卡

原料：

猕猴桃……100克
西瓜瓤……100克
橙子……100克
酸奶……100克
橙子盅……2个

做法：

1.橙子去皮，切小块；西瓜瓤切小块；猕猴桃去皮，切小块。
2.取一碗，倒入切好的西瓜块，放入切好的橙子块、猕猴桃块。
3.倒入酸奶，搅拌均匀。
4.将碗用保鲜膜封住，放入冰箱冷藏30分钟。
5.取出冰镇好的沙拉，撕开保鲜膜，备好橙子盅。
6.将沙拉装入橙子盅即可。

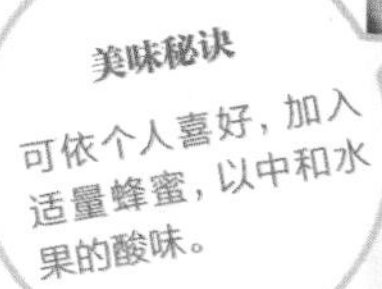

美味秘诀

可依个人喜好，加入适量蜂蜜，以中和水果的酸味。

四色水果沙拉

热量：140千卡

原料：

苹果……50克

杧果……50克

火龙果……50克

薄荷叶……少许

调料：

沙拉酱……10克

做法：

1.苹果洗净，切块。

2.杧果洗净，取果肉切小块。

3.火龙果去皮，果肉切块。

4.薄荷叶洗净，备用。

5.将苹果、火龙果、杧果用竹签穿起，食用时淋上沙拉酱，用薄荷叶点缀即可。